Stefanie Unger, Kai Hattendorf, Sven H. Korndörffer

Was uns wichtig ist

Stefanie Unger, Kai Hattendorf,
Sven H. Korndörffer

Was uns wichtig ist

Eine neue Führungsgeneration definiert die Unternehmenswerte von morgen

WILEY-VCH

WILEY-VCH Verlag GmbH & Co. KGaA

1. Auflage 2006

Bibliografische Information Der Deutschen Bibliothek
Die Deutsche Bibliothek verzeichnet diese Publikation in der Deutschen Nationalbibliografie; detaillierte bibliografische Daten sind im Internet über <http://dnb.ddb.de> abrufbar.

Mitarbeit und Koordination
des Buchprojekts: Georg Jacobi

Gedruckt auf säurefreiem Papier.

Printed in the Federal Republic of Germany.

Satz M-O-P-S, Kirsten Pfaff, Hennef
Druck und Bindung Ebner & Spiegel GmbH, Ulm
Umschlaggestaltung init GmbH, Bielefeld

ISBN-13: 978-3-527-50189-2
ISBN-10: 3-527-50189-4

Inhalt

Teil 1
Einstieg

Was uns wichtig ist. Stefanie Unger, Kai Hattendorf, Sven H. Korndörffer

ISBN: 3-527-50189-4

Geleitwort

Häufig im Leben stehen wir an Wendepunkten. Das sind zum Beispiel persönliche Wendepunkte, gesellschaftliche oder politische. In ihrem Umfeld verschieben sich Überzeugungen, gleichzeitig steigt die Aufmerksamkeit – man lebt intensiver, und man hinterfragt vieles.

Aus meiner Wahrnehmung heraus steht unsere Gesellschaft an einem Wendepunkt, ebenso wie auch ich selbst: Als Chairman und gerade fünfzig geworden habe ich meine Aufgabe in der größten deutschen Kommunikationsgruppe beendet. Eine andere Richtung mit neuen beruflichen Herausforderungen bestimmt mein Leben. Aus Dankbarkeit für das, was die Gesellschaft mir gegeben hat, möchte ich nun etwas zurückgeben: die Wichtigkeit von Werten nicht nur als moralische Instanz, sondern auch als Wirtschaftsfaktor. Gleichzeitig erlebe ich auch, wie sich in unserer Gesellschaft eine neue Wertedebatte ausbreitet.

Fast 35 Jahre habe ich gearbeitet, täglich mindestens zehn bis zwölf Stunden. Freie Abende oder Urlaube ohne den Gedanken an meine Arbeit gab es nicht, weil ich meine Arbeit mit Leidenschaft ausgefüllt habe. Und ich habe es gerne getan. Mir war und ist es wichtig, immer eine Balance zwischen Profit und Menschlichkeit zu halten. Das ist nicht immer einfach und es gelingt vielleicht auch nicht jedes Mal, aber ich habe es immer versucht.

Beruflich gab es in meinem Leben unterschiedliche Stationen, aber auch eine Gemeinsamkeit: Mein Werdegang wurde immer stark geprägt von Persönlichkeiten aus Politik und Wirtschaft sowie von Künstlern, Musikern und Sportlern. Diese Weggefährten wurden mit christlichen Grundwerten, moralischen Vorbildern und Menschlichkeit erzogen, wie ich auch. Alles Menschen, die von Werten und persönlichen Erfahrungen geprägt, Dinge verändern und verbessern wollten. Alles Menschen, die wussten, dass Überzeugungen auch Opfer kosten können und danach lebten. Alles Menschen, die mich nicht als »Humankapital« (Unwort des Jahres

2004), sondern als Individuum betrachteten und danach lebten, vernünftige Entscheidungen für das Unternehmen, die Mitarbeiter und die Gesellschaft zu treffen.

Diese Menschen waren meine Vorbilder und ich habe ihr Wissen, ihr Engagement und ihre Menschlichkeit aufgesogen wie ein Schwamm, um es später an meine Mitarbeiter weiterzugeben. Ich weiß heute, dass mein Erfolg auch durch mein Streben nach Werten bestimmt wurde.

In den vergangenen Jahrzehnten hat sich die Berufswelt wie die Wertewelt immer schneller verändert: Technologien waren nach kurzer Zeit veraltet; Firmen wurden jährlich komplett umgebaut; was heute noch richtig ist, ist morgen schon wieder falsch; der Informations-Overkill bringt mich genauso um wie die Anglizismen die deutsche Sprache; 15 Minuten Berühmtheit für jedermann ist eine Form von Kunst. Zeichen der Zeit einer sich wandelnden Gesellschaft!

Zugleich verschoben sich die Moralgrenzen: Einige Politiker, die geistigen und moralischen Führer einer Nation, wurden in Skandale verwickelt. Es wurde noch nicht einmal vor einem falschen Ehrenwort Halt gemacht. Politikerskandale wurden so alltäglich, dass das Wort »Politikverdrossenheit« entstand und das Urvertrauen in den Staat stark beschädigt wurde. Gleichzeitig lebt der Staat weit über seine Verhältnisse und der Schuldenstand nimmt gigantische Formen an. Eine schwere Hypothek für die nachfolgenden Generationen, ein Vertrauensbruch für die Generation der 25- bis 49-Jährigen, die noch mit Sätzen wie »die Rente ist sicher« in das Berufsleben gestartet sind.

Die veränderte Moral machte auch teilweise vor der Presse nicht halt, die sich inoffiziell schon fast zur vierten Gewalt des Staates entwickelt. Es wird manchmal gar nicht mehr nach der Wahrheit gefahndet, denn ein gesundes Vorurteil erspart das eigene Denken – und Gerüchte sind meist spannender als die Wahrheit. Ein Teil der Leserschaft glaubt an die neue Judikative und hat damit schon so manches menschliche Schicksal exekutiert. Wollen wir hier nicht alle etwas ändern? Strebt nicht jeder nach mehr moralischer Sicherheit? Sind das nicht nur die Spitzen dessen, was uns täglich in unserem Leben begegnet?

Hinzu kam der große Crash: Die lieb gewordene »New Economy« zerplatzte wie eine Seifenblase und damit vermeintliche Realitäten vieler, die den Hals nicht voll bekamen. Die Welt hielt inne. Lange? Natürlich nicht.

Mit dem 11. September 2001 brach ein Stück des gesellschaftlichen Wertegerüsts ein. Durch spektakuläre Firmenpleiten wie Enron oder Worldcom wurde die zweite Stufe gezündet, die unser Urvertrauen beschädigte: Nach den Politikern standen nun die Chefs und Vorgesetzten im Zwielicht. Und wenn sich in einem Unternehmen schon das Topmanagement selbst an Firmeneigentum vergreift, warum soll sich der »kleine« Angestellte dort zurückhalten?

Es ging weiter mit immer mehr Arbeitsplatzabbau und dem Schüren von Angst. Die Krise ist für jeden Einzelnen zu spüren, und ferne Firmenpleiten machten auch vor jungen Führungskräften in Deutschland nicht mehr Halt. Die Angst beherrscht die Menschen, und der Egoismus, erlernt in den achtziger und neunziger Jahren, leitet unser Handeln.

Der Wettkampf beginnt, wer das meiste für sich herausholt, hat gewonnen – ohne Rücksicht auf Verluste natürlich. Dass dies in der Hauptsache auf Kosten anderer geht, wird als Floskel in unserem Sprachgebrauch gestrichen. Firmen gehen jetzt nicht mehr nur bankrott, weil sie Fehler machen, sondern auch weil die Moral der Zahlung von geleisteter Arbeit kaum mehr vorhanden ist. Der Privatmann lässt den Handwerker zappeln, das Unternehmen den Rohstofflieferanten und selbst ein Staatsunternehmen fühlt sich im Recht, hunderte von Millionen Euro vorerst einzubehalten. Dass man hier noch von Zahlungsmoral spricht, ist ein Zynismus an sich.

Die Firmen müssen sich mit Unternehmenslenkern auseinander setzen, die sich in manchen Fällen sogar strafrechtlich der Justiz verantworten müssen. Gleichzeitig bleibt die wirtschaftliche Lage trübe, was auch auf den Chefetagen zu Existenzangst führt. Die häufige Reaktion: Es werden noch mehr Controller eingestellt – manche Firmen brüsten sich sogar damit, dass sie dafür ihren Vertrieb ausdünnen. Bürokraten blockieren häufig jegliche Dynamik. Ich habe in diesem Zusammenhang schon von Beratungsfirmen gehört, die sich zu 70 Prozent selbst beraten. Eigenverantwortung oder – wer mag daran noch denken – freies Unternehmertum werden damit genauso ins Abseits gedrängt wie in den Schulen die Kinder mit der falschen Markenkleidung. Fängt hier nicht schon die Werteorientierung an?

Reformen, die dringend notwendig sind, scheitern an der nackten Angst und einer Lähmung. Jeder zeigt mit dem Finger auf andere, denen ein Opfer angeblich leichter falle. Aber keiner ist bereit, auch nur ein Jota seiner Pfründe abzugeben.

Wirklich keiner?

Ich bin sehr stolz, dass eine Gruppe junger Führungskräfte zwischen 25 und 45 Jahren eine Initiative zum Thema Werte gegründet hat und mich als Mentor wünschte. Meine Verbindung zu einem Mitglied besteht schon in nachhaltiger Weise seit Jahren: als Berater für den beruflichen Weg. Diese Tugend gelingt vielen Menschen nicht einmal auf privater Ebene, geschweige denn im Berufsleben. Das lässt sich sicherlich mit einer allgemeinen Vereinsamung begründen, aber reicht das als Erklärung aus?

Die Mitglieder der »Wertekommission – Initiative Werte Bewusste Führung« nutzen ihre geringe Freizeit, um unsere Welt in diesem essenziellen Punkt zu verändern – und dies ohne politischen oder wirtschaftlichen Auftrag. Noch bevor Horst Köhler in seiner programmatischen Rede als Bundespräsident Werte als zentrales Thema beschrieb, hatten die Autoren dieses Buches sich mit weiteren Mitgliedern der Initiative und angesehenen Wirtschaftslenkern damit beschäftigt. Viele nachfolgende Ereignisse, die Sie, lieber Leser, täglich in den Nachrichten verfolgen, bestätigen die Initiative in ihrem Tun.

Wir brauchen wieder eine Orientierung, einen Rahmen, einen Maßstab. Das Team der Wertekommission möchte Sie mit diesem Buch dazu anregen, darüber nachzudenken. Unter Werten versteht jeder etwas anderes. Eine spontane Umfrage in meinem Umfeld erbrachte eine unglaubliche Spanne: zum Beispiel Mittagsschlaf, Erziehung und Toleranz.

Lesen Sie dieses Buch bewusst, lassen Sie sich Zeit dabei. Gehen Sie aber auch den Schritt weiter und handeln Sie danach. In meinem Leben frage ich mich bei Entscheidungen, ob ich diese moralisch vertreten kann und ob ich mir danach noch im Spiegel begegnen möchte. Leben auch Sie nach einer – Ihrer – Maxime und sprechen Sie mit Ihrer Familie, Ihren Freunden, Nachbarn und Arbeitskollegen über Werte.

Mir ist wichtig, dass neben der Profitorientierung die Menschlichkeit niemals zu kurz kommt. Ich möchte mit meinem Beitrag als Mentor, Beiratsmitglied der Initiative und Mitglied der Gesellschaft einen Teil dessen zurückgeben, was ich bekommen habe und wünsche der »Wertekommission – Initiative Werte Bewusste Führung« mit den Mitgliedern Mathias Bucksteeg, Kai Hattendorf, Joern Herseth, Sven H. Korndörffer, Jens-Thorsten Rauer, Liane Scheinert, Stefanie Unger und Dirk Wagener sowie den hunderten von Mitdiskutanten auch im Namen des gesamten Beirates viel Kraft für eine fruchtbare Diskussion. Ich selbst freue mich darauf, die weitere Arbeit der Initiative begleiten zu dürfen.

Helmut Andreas Hartwig,
Bonn im September 2005

Einleitung

Die Idee entstand im Frühjahr 2004 aus einer einfachen Beobachtung heraus: Die Globalisierung und die fundamentale Veränderung der Weltwirtschaft prägen unsere Generation. Sie haben neue Rahmenbedingungen geschaffen, auf die mit einem veränderten Wertesystem geantwortet werden muss. Aber: Unsere Generation der 25- bis 45-Jährigen führt diese Debatte kaum. Die Ansätze, die es gibt – etwa die Corporate-Governance-Kommission oder die Diskussion um die Aufgabenverteilung zwischen Vorsorge durch den Staat und Eigenverantwortung des Bürgers – kommen entweder von den Älteren (»68ern«) oder von den Jungen (»Attac« et cetera).

Es fehlt diesem Diskurs der Werteimpuls unserer Generation, der Menschen zwischen Mitte Zwanzig und Mitte Vierzig – was wohl auch einer der Gründe ist für die aktuelle Richtungslosigkeit, für das Auseinanderfallen der Gesellschaft und für die Verzagtheit bei Reformen. Es fehlt an dem Signal unserer Altersgruppe, dass wir als Generation unseren Tunnelblick der Konzentration auf das Individuelle aufgeben und unsere Rolle bei der Ausgestaltung der Zukunft von Arbeit und Gesellschaft annehmen. Das ist ein Alarmsignal – schließlich übernimmt unsere Generation in diesen Jahren den Staffelstab der gesellschaftlichen Verantwortung für die kommenden Jahrzehnte.

Verschiedene Ereignisse zeigen, wie sehr die Gesellschaft eine Wertedebatte sucht und auch bereit ist, sich ihr zu stellen:

- Die US-Präsidentenwahlen sind im Herbst 2004 nach Meinung aller Wahlforscher durch »Moral Issues« entschieden worden – also durch Werte.
- Der Pilgerstrom von Millionen von Menschen nach Rom anlässlich des »öffentlichen« Sterbens von Papst Johannes Paul II und seiner Beisetzung belegt die Relevanz traditioneller Werte auch in einer scheinbar säkularisierten Gesellschaft.

– Schließlich führt auch die Debatte um die Kapitalismuskritik (»Heuschrecken«) zu einer breiten Auseinandersetzung mit dem Thema Werte – in diesem Fall vor allem im Spannungsfeld zwischen wirtschaftlichen und gesellschaftlichen Interessen.

Darum haben wir die Initiative ergriffen: Wir haben die »Wertekommission – Initiative Werte Bewusste Führung« ins Leben gerufen: Sie ist ein Forum für die Diskussion von Werten und eine Plattform für die Vermittlung von Ideen. Wir wollen Katalysator sein für den Austausch zum Thema. Unsere wichtigste Idee haben wir auch mit dem vorliegenden Buch umgesetzt: Argumente zu liefern für ein werteorientiertes Wirtschaften. Wir wenden uns vor allem an die Leistungsträger, die andere Menschen in Unternehmen und Gesellschaft führen oder dieses künftig tun werden. Sie laden wir dazu ein, sich mit uns gemeinsam an der Wertediskussion zu beteiligen.

Wir grenzen uns klar ab von anderen Initiativen und Kommissionen: Wir haben – anders als die Cromme-Kommission, die den Corporate Governance Kodex erarbeitet hat – keinen politischen Auftrag. Wir sind nicht – wie vergleichbare Initiativen und Organisationen – von Kirchen, von Arbeitgeber- oder Arbeitnehmerverbänden beauftragt. Wir haben uns selbst beauftragt, eine mögliche Antwort für unsere Generation zu geben.

Die Werte, die dieses Buch behandelt, sind nicht zufällig gewählt. Sie sind das Ergebnis eines heuristischen Diskussions- und Reflexionsprozesses, der inzwischen anderthalb Jahre währt. Beteiligt sind Fach- und Führungskräfte, die ihre Rolle in der Wirtschaftswelt von heute definieren und Einfluss auf die Wirtschaft von morgen haben werden. Es sind Werte und Tugenden, die aus unserer Sicht zentral und unverzichtbar sind für eine erfolgreich gestaltete Zukunft von Wirtschaft und Gesellschaft in Deutschland. Dabei ist unsere Grundüberzeugung sehr einfach: Werte lohnen sich. Wertesysteme bestimmen, wie erfolgreich eine Gesellschaft ist. Werte und Wertschöpfung schließen sich nicht aus. Denn: Unternehmen können mittel- wie langfristig nur erfolgreich sein, wenn sie wertegesteuert handeln – wenn also die zentralen Werte in die strategischen Handlungsziele der Unternehmen eingewoben werden.

In dem Maße, in dem sich der Staat aus seiner bisherigen Verantwortung gegenüber der Gesellschaft mehr und mehr zurückziehen muss, sind damit die Wirtschaft und ihre Lenker aufgefordert, stärker wertebasiert zu handeln. Der Wirtschaft muss dabei die Furcht davor genommen werden, dass ihr daraus ein Wettbewerbsnachteil entstehen kann.

Dieses erste Buch der »Wertekommission – Initiative Werte Bewusste Führung« ist ein Werkstattbericht. Es soll Impulse dafür liefern, dass es sich lohnt, Werte in Unternehmen zu leben. Wir sind überzeugt: Werte lohnen sich – gerade auch bilanziell. Werte umzusetzen, ist operativ einfach. Und: Mitarbeiter, Investoren und Kunden werden ein Werteengagement ständig honorieren – überzeugt und verbunden.

Mathias Bucksteeg, Kai Hattendorf, Joern Herseth, Sven H. Korndörffer, Jens-Thorsten Rauer, Liane Scheinert, Stefanie Unger

Mathias Bucksteeg

Stefanie Unger

Sven H. Korndörffer

Kai Hattendorf

Liane Scheinert

Jens Thorsten Rauer

Joern Herseth

Teil 2
Zur Bedeutung von Werten

Was uns wichtig ist. Stefanie Unger, Kai Hattendorf, Sven H. Korndörffer

ISBN: 3-527-50189-4

Einführung

Liane Scheinert

Werte sind keine unbekannten Größen. Das Stichwort Werte bewegt! Es ist zur Zeit in aller Munde. Zahlreiche Publikationen beleuchten den Wertebegriff und seine Ausprägungen. Moralische, religiöse, ästhetische, materielle Werte, Werte der Familie und Unternehmenswerte – es verwundert nicht, dass die Wertethematik anscheinend in alle möglichen Debatten, gesellschaftliche Themen und in die Wirtschaft hineinreicht. Kaum ein Tag, an dem man nicht einen Bericht oder ein Interview lesen kann, die das Thema aufgreifen und in vielfältiger Weise verknüpfen.

So vielfältig wie der Wertebegriff an sich, so facettenreich ist die Definition dessen, was als Ausprägung der »Gattung« als Wert an sich bezeichnet wird.

Werte durchziehen alle Lebensbereiche, sie prägen von Kindesbeinen an. Im privaten Umfeld sind sie selbstverständlich. Man umgibt sich in der Regel mit Personen, die gleiche Grundeinstellungen haben, deren Tun von einem zumindest ähnlichen Werteset geprägt wird.

Die Wirtschaft macht sich mehr und mehr die Themen Unternehmenskultur und Unternehmenswerte zu Eigen – die oben beschriebene gesellschaftliche Relevanz und Akzeptanz bilden gute Rahmenbedingungen. Hinzu kommt, dass insbesondere in Phasen wirtschaftlicher Schwierigkeiten, in denen sich zurzeit ein Großteil der Unternehmen befindet, ein gemeinsames Fundament, eine Art gemeinsame Verfassung, ein hilfreicher, erfolgswirksamer Maßstab sein kann.

Warum also klar definierte und gelebte Werte in Unternehmen? In erster Linie als ein Orientierungsmaßstab. So wie Werte dem privaten Leben Richtung, Halt und Erfolgsmaßstab geben, bieten Unternehmenswerte die Chance, alle unternehmerischen Prozesse an einem einheitlichen Regelwerk auszurichten. Sie bilden die Grundlage allen Tuns.

Verankert in den Geschäftsprozessen eines Unternehmens bilden sie einen sicheren Handlungsrahmen für alle Beteiligten. Eine von gemeinsamen Werten getragene Unternehmenskultur, eine Kultur, in der Werte des Unternehmens mit den persönlichen Werten des Einzelnen übereinstimmen, ist eine gute Basis für Motivation und Begeisterung. Der Sinn des Unternehmens, der Sinn der eigenen Arbeit sind für Mitarbeiter erkennbar. Darüber hinaus weiß man, worauf man sich verlassen kann. Gemeinsame Begeisterung schafft eine gemeinsame Energie. Dies ist – gerade in schwierigeren Etappen – essenziell.

Ein weiterer Aspekt ist der Zusammenhang zwischen definierten und gelebten Werten und dem wirtschaftlichen Erfolg eines Unternehmens. Wertebasierte Unternehmensführung dient der Sicherung des langfristigen Erfolges. Glaubwürdig gelebt helfen Werte, wirtschaftlichen Nutzen zu stiften.

Ein Unternehmen ist ein äußerst komplexes Gebilde, das von unterschiedlichsten Personen, von der Historie, von Kunde, Markt und Gesellschaft geprägt wird. Ist die Erarbeitung und Festschreibung der Werte schon eine schwierige Herausforderung, so ist die Verankerung in den Arbeitsablauf und die Geschäftsprozesse noch um ein Vielfaches aufwendiger. Ganz zu schweigen von der Notwendigkeit, jahrelang akzeptiertes Verhalten zu ändern.

Nicht unbedingt dienlich ist dabei der Umstand, dass gerade die konsequente Umsetzung der Werte in Unternehmen oftmals dadurch behindert wird, dass Unternehmenskultur und Werte gerne als »weiches« Thema, als »Blümchen am Geschäft« verunglimpft werden, hat man doch gerade mit »harten« Fakten wie zum Beispiel Absatz, Kosten und Arbeitsplatzsicherung zu tun. Die Relevanz von gelebten Werten erschließt sich den beteiligten Managern oftmals erst auf den zweiten Blick.

Das Bekenntnis zu bestimmten Werten und die Ausrichtung an diesen geht – gerade für ein etabliertes Unternehmen – mit einer starken Veränderungsnotwendigkeit einher. Allen voran steht die Überprüfung der persönlichen Einstellungen und Verhaltensweisen insbesondere des Managements, dessen Vorbildfunktion entscheidend den Erfolg beeinflusst. Das persönliche Bekenntnis zu Unternehmenswerten ist die Basis für alles Nachfolgende: die Neuausrichtung von Prozessen und Systemen.

Das voranzutreiben ist die Aufgabe der neuen Generation von Führungskräften, die in Unternehmen gewachsen sind und dort Verantwortung tragen. Sie sind die Zukunft der Unternehmen, sie werden steuern, wohin der Weg ihres Unternehmens – und letztlich dieser Wirtschaft – geht. Sie werden bestimmt von einem neuen Wertebild, im Grundstein geprägt von der (Nachkriegs-)Elterngeneration, ergänzt durch ihre Erfahrungen in gesellschaftlichem Umfeld, in Berufsbildung, Beruf und Karriereweg. Mit den Werten, die ihre Persönlichkeit prägen, wollen sie ihr Unternehmen prägen. Und dort auf ein adäquates Umfeld treffen. In dem sie mit Engagement, Mut und Energie den wirtschaftlichen Erfolg ihres Unternehmens vorantreiben. Umso wichtiger ist die Auswahl der Personen, die diese Funktion und Verantwortung in der Wirtschaft heute und morgen wahrnehmen.

Werte als Grundlage der gesellschaftlichen Erneuerung

Sven H. Korndörffer

Wie Deutschland aus der Krise finden kann

Deutschland braucht den Neuanfang

Man kann es zwar nicht mehr hören, aber leider stimmt es mehr denn je: Deutschland steckt in einer tiefen strukturellen Krise. Sieht man einmal von der Stellung als Export-Weltmeister ab, so geben alle übrigen Fundamentaldaten – Wirtschaftswachstum, Staatsverschuldung, Sozialhaushalte, Bevölkerungsstruktur – Anlass zu großer Sorge. Besonders der Zustand der öffentlichen Hand ist dramatisch: Die Last der Verschuldung in Bund, Ländern und Gemeinden ist erdrückend. Die Pensionsverpflichtungen gegenüber einem Heer von Staatsbediensteten sind faktisch nicht mehr zu begleichen. Der Zuschuss zur Rentenkasse frisst Jahr für Jahr über 30 Prozent der Bundesausgaben auf. Dies aber nimmt der Regierung die Möglichkeiten und die Mittel, um dringende Investitionen in Forschung und Bildung – und damit in die Zukunftsfähigkeit unserer Gesellschaft – zu tätigen.

Neben den Fundamentaldaten, die als solche schon deprimierend sind, hat Deutschland aber allem Anschein nach auch ein mentales Problem: Allen einschlägigen Umfragen zufolge geht immer mehr Deutschen die Zuversicht verloren. Stattdessen machen sich Ängste breit: vor der Arbeitslosigkeit, dem Verlust sozialer und privater Stabilität oder auch vor internationalen Krisen in der Zeit nach dem 11. September 2001. Eine trübe, von vielen Multiplikatoren zusätzlich geschürte Stimmung lastet auf dem Land wie Mehltau. Dies aber behindert die wenigen Wachstumsmotoren, die es durchaus noch gibt, in ihrer kraftvollen Entfaltung.

Vor allem junge Menschen beschäftigt die Frage, wie man den gravierenden Strukturproblemen Deutschlands beikommen kann.

Dabei wird durchaus anerkannt, dass die Politik in den vergangenen Jahren zahlreiche Anstrengungen unternommen hatte, um den Standort Deutschland auf Vordermann zu bringen. Der Bogen der Reformbemühungen reicht von den Steuerreformen der frühen Ära Kohl über Änderungen bei der Lohnfortzahlung und beim Kündigungsschutz bis hin zur Agenda 2010 von Gerhard Schröder. Am guten Willen, Deutschland zu reformieren, mangelt es der großen Mehrheit der in der Verantwortung stehenden Politiker demnach nicht – bei allen Unterschieden im Detail.

Reformen allein genügen nicht

Gleichwohl bleibt es bei der ernüchternden Feststellung, dass Reformen allein – zumal dann, wenn sie die Kompromissmühle des deutschen Föderalismus durchlaufen müssen – nicht ausreichen, um die Strukturprobleme im Land zu lösen. Letztlich wird in den meisten Fällen doch nur an den Stellschrauben des bestehenden Systems gedreht – hier einen Trippelschritt voran, dort eine Sonderregelung beseitigt. Der große Wurf, die visionäre Korrektur sind bisher ausgeblieben. So drängt sich die Frage auf, worin der tiefere Grund dafür besteht.

Festzustehen scheint, dass Deutschlands derzeitige Lage nicht nur auf die Unzulänglichkeiten der Politik zurückzuführen ist. Auch der vielzitierte Verbändestaat und seine »vermachteten Strukturen« (Gerhard Schröder) allein können nicht in Haft genommen werden für das schlechte Ranking, mit dem Deutschland im internationalen Vergleich bewertet wird. Vielmehr drängt sich der Eindruck auf, dass es in Deutschland zunehmend auch an der richtigen Einstellung mangelt. Ob Politik, Wirtschaft, Medien oder die Gesellschaft in ihrer Breite und Tiefe: Das Bild, das sich verfestigt, ist das einer zunehmenden Verunsicherung und Orientierungslosigkeit. Eingezwängt zwischen unaufhaltsamer Globalisierung einerseits und wachsendem Individualismus andererseits (der oftmals Züge der Vereinzelung trägt) wissen die Deutschen immer weniger, woran sie eigentlich glauben und woran sie sich festhalten sollen. Einer Gesellschaft jedoch, der das Wegmaß fehlt, der fehlt es ganz offensichtlich auch an Werten.

Deutschland, ein Land ohne Werte? Das wäre eine beängstigende, eine alarmierende Feststellung. Jedoch scheint sie berechtigt: Schaut man sich die Debatten, die in Deutschland geführt (oder auch nicht geführt) werden, an, dann lässt sich dahinter immer seltener erkennen, welches Gerüst an Werten, an gemeinsamen Grundüberzeugungen, dieses Land zusammenhält. Es scheint, als ob der Kern ethischer Gemeinsamkeiten verloren gegangen ist. Wenn dies aber stimmt, dann gehört die Frage nach Werten an die Spitze der gesellschaftspolitischen Agenda.

Wertebasierte Gesellschaften sind zukunftsfähige Gesellschaften

Warum lohnt sich das Streben nach einer wertebasierten Erneuerung? Wertebasierte Gesellschaften sind potenziell leistungs- und damit zukunftsfähiger als solche, denen der Orientierungsrahmen fehlt. Wertebasierte Gesellschaften wissen, woran sie glauben. Dies verleiht ihnen die Kraft zu Spitzenleistungen – in der Wirtschaft, aber ebenso in der Verwaltung, im Bildungswesen und im sozialen Bereich.

Schnell kommt die Vermutung auf, dass hiermit vor allem religiöse Werte gemeint sein könnten. Der Soziologe Max Weber vertrat beispielsweise die Auffassung, dass protestantische Gesellschaften besonders leistungsfähig seien, da ihnen der »Geist des Kapitalismus« immanent sei. Ebenso finden sich möglicherweise Belege dafür, dass stark am katholischen Glauben orientierte Gesellschaften, weil sie innerlich gefestigt sind, auch in ihrer äußeren Entwicklung kraftvoller auftreten. Diesen Spuren soll hier jedoch nicht weiter nachgegangen werden. Vielmehr ist religiöse Toleranz gerade einer jener Werte, die das Kulturgut des Europas der Aufklärung ausmachen. Woraus sich ableitet, dass Werte primär weltlich zu verstehen sind, wiewohl sich viele von ihnen aus dem kirchlich-religiösen Bereich herleiten lassen.

Unbestritten ist gleichwohl, dass Gesellschaften, die auf einem gemeinsamen Fundus an Werten basieren, eher in der Lage sind, den Menschen Mut, Orientierung und Kraft zu geben. Wenn dies aber der Boden ist, auf dem die notwendigen politischen Kurskorrekturen zum Erfolg gebracht werden können, dann besteht in Deutschland allemal Anlass, über die Definition und – wichtiger noch – die Wiederbelebung bestimmter Werte nachzudenken. Woran sich gleich die Frage anschließt: Um welche Werte geht es?

Der Kanon möglicher Werte ist lang. Er umfasst Begriffe wie Vertrauen, Toleranz und Respekt ebenso wie Integrität, Ehrlichkeit und Bescheidenheit. Gleichwohl lassen sich aus dieser (noch viel längeren) Liste einige Kernwerte herausschälen. Im Folgenden sollen vier Kernwerte besonders betrachtet werden: Mut und Verantwortung; Integrität; Nachhaltigkeit.

Mut und Verantwortung

Es war eingangs schon von der wenig erbaulichen Stimmung die Rede, die in Deutschland herrscht. So gingen laut dem Meinungsforschungsinstitut Allensbach über fünfzig Prozent der Deutschen »mit Skepsis« oder »mit Befürchtungen« ins Jahr 2005. Sicherlich, in der deutschen Seele ist das Faustisch-Zweifelnde tief verwurzelt. Vielleicht bewahrt dies die Deutschen vor ungestümem Vorwärtsdrang oder fahrlässigem Leichtsinn – dann hätte es sogar sein Gutes. Gleichwohl ist offenkundig, dass ein Mangel an Mut im Zeitalter des globalen Wettbewerbs rasch zu dramatischen Positions- und damit auch Wohlstandsverlusten führt. Wenn eine Volkswirtschaft mit ihren Unternehmen nicht in neue Märkte und Innovationsfelder vordringt, dann tun es eben andere. Mit dem Ergebnis, dass auch die daraus resultierenden Wohlstandszuwächse an andere gehen. Dies bedeutet: Die Deutschen benötigen mehr Mut, auch das Unbekannte, scheinbar Risikobehaftete zu wagen. Sie benötigen mehr Mut, vom Pfade des Althergebrachten abzuweichen und Besitzstände über Bord zu werfen. Es gilt also, das Handeln stärker unternehmerisch auszurichten – mit den kalkulierbaren Risiken, aber doch vor allem den enormen Chancen, die dies birgt.

Unternehmerisches Denken und Handeln im Sinne eines sorgfältigen Abwägens von Chance und Risiko führt zwangsläufig zu einem weiteren Wert, der in Deutschland noch der Ausbreitung bedarf: Es geht um die Bereitschaft, Verantwortung zu übernehmen und zu tragen. Das scheint nahezu unmöglich in einem Gesellschaftssystem, das sich dadurch definiert, materielle Vorteile privatisiert, jedoch jegliches Risiko sozialisiert zu haben. Aber gerade daran krankt ja dieses Land: Die Menschen streben – völlig legitimerweise – nach der Maximierung ihres persönlichen Wohlergehens, ohne in ausreichendem Maße auch Verantwortung für andere in ihrem Umfeld oder gar für das große Ganze, also das Gemeinwesen, zu übernehmen. Sicherlich, seit einigen Jahren wird der Versuch erkennbar, die – noch etwas unscharf definierte, aber dringend erstrebenswerte – »Zivilgesellschaft« wiederzubeleben. Jedoch benötigt Deutschland noch viel mehr Menschen, die mit Mut zur Verantwortung initiativ werden.

Verantwortung zu übernehmen, das heißt demnach zu handeln auch über die Grenzen der jeweiligen persönlichen Zielsetzungen hinaus. Es heißt, sich auf etwas zu verpflichten, eine Zusage einzugehen und sich dadurch rechenschaftspflichtig zu machen. Wer mit Mut Verantwortung übernimmt, bringt seine Kraft und Motivation in ein größeres Ganzes ein. Und er steckt andere damit an, es ihm gleichzutun. In welchem Teilsystem der Gesellschaft dies geschieht, ist dabei nahezu unerheblich. Entscheidend ist, dass immer mehr Menschen bereit sind, über den Tellerrand des eigenen Wohls hinaus »Commitment« zu zeigen.

Integrität

Wenn ein Mensch, ein Unternehmen oder ein Gemeinwesen unter Druck geraten, dann können auch seine inneren Werte unter Druck geraten oder in den Hintergrund rücken. Das muss nicht so sein: Wer innerlich gefestigt ist, den bringen äußere Einflussfaktoren oder Krisen nicht aus dem Gleichgewicht. Gleichwohl gibt es leider zu viele Beispiele dafür, dass Integrität, hier verstanden als konsequente Aufrichtigkeit, nicht durchgehend das Denken und Handeln der Menschen bestimmt.

Dieses Defizit zu beseitigen, ist zum einen eine Aufgabe der Unternehmen. Hier ist es – bei weitem nicht nur, aber auch in Deutschland – in den vergangenen Jahren zu teilweise schlimmen Verwerfungen gekommen. Unter dem Druck des internationalen Wettbewerbs, der Analysten und Kapitalmärkte haben Manager über ganze Zyklen hinweg Bilanzen gefälscht und somit vom Zustand ihres Unternehmens ein Bild gezeichnet, welches die Wirklichkeit auf unzulässige, teils auch kriminelle Weise verschleierte. Anleger und Öffentlichkeit wurden – wie etwa bei Enron in den USA oder Flowtex in Deutschland – in vielen Fällen schlichtweg betrogen. Als die Kartenhäuser, die im Rahmen des »creative accounting« gebaut wurden, dann zusammenbrachen, war das Erstaunen über die Unverfrorenheit einiger Manager ebenso groß wie das Erschrecken über die eigene Naivität im Glauben daran, dass es bei fabelhaften Gewinnsteigerungen stets mit rechten Dingen zugehe. Daraufhin schlug die Stunde des Gesetzgebers: In den USA schob dieser mit dem Sarbanes-Oxley-Act einen Riegel vor jedweden künftigen Versuch, Sand in die Augen der Share- und Stakeholder zu streuen. In Europa entfaltete sich derweil die Debatte um »Good Corporate Governance« – eine Form der Unternehmensführung, die durch Transparenz und Bilanzehrlichkeit das zerrüttete Vertrauen und damit den Glauben daran wiederherstellen soll, dass in Unternehmen der Leitwert Integrität ein zentraler Handlungsmaßstab ist.

Integer muss es zum anderen auch in der Politik zugehen. Anders kann und wird eine Demokratie dauerhaft nicht funktionieren. Wenn Politiker, oftmals in aufgeheizter Talkshow- oder Wahlkampfstimmung, die mangelnde Transparenz und Integrität von Unternehmen beklagen, dann müssen sie sich auch selbst an diesen Maßstäben messen lassen. Diese Prüfung ist in den vergangenen Jahren nicht in jedem einzelnen Fall zugunsten der politischen Klasse in Deutschland ausgegangen. Im Gegenteil: Die Fälle, bei denen unzulässige beziehungsweise unversteuerte Nebeneinkünfte oder ein sonst wie geartetes, unlauteres Verhalten außerhalb des Politikbetriebes nachgewiesen wurden, haben sich leider gehäuft. Die Zahl der Rücktritte infolge von unerlaubter Vorteilsnahme oder gar Korruptionsvorwürfen ist fast schon Legende, selbst wenn nicht immer eine kriminelle Energie dahinter steht. Gleichwohl hat die Politikverdrossenheit der Deutschen, so überzogen und unreflektiert diese manchmal auch erscheint, auch etwas mit dem Fehlverhalten einzelner Politiker und einem nachgewiesenen Mangel an Integrität zu tun. Dass sich hier etwas ändern muss, steht außer Frage.

Nachhaltigkeit

Verantwortungsbereitschaft und integres Verhalten sind unverzichtbare Kernwerte. Beide führen jedoch nicht zum Ziel, wenn das Handeln der Menschen auf die Gegenwart, den unmittelbaren Effekt, reduziert bleibt. Notwendig im Sinne der eingangs genannten Strukturveränderungen ist vielmehr, auch über den Tag hinaus zu denken und zu handeln. Der Begriff der Nachhaltigkeit – ursprünglich eingeführt durch den Bericht des Club of Rome über die Grenzen des Wachstums – ist sperrig und scheint verbraucht. Das ändert aber nichts an seiner Richtigkeit: Überleben kann und wird eine Gesellschaft nur dann, wenn möglichst viele ihrer Glieder begriffen haben, dass das, was sie tun, nicht nur für sie selbst, sondern vor allem für die nachfolgende Generation von Belang ist. Das gilt für die Ökonomie ebenso wie für den familiären und sozialen Bereich. Ganz besonders bezieht es sich auf den Erhalt der natürlichen Lebensgrundlagen. Auch hier geht es um Verantwortung – nämlich bei der Inanspruchnahme von Ressourcen, die endlich sind und mit denen deshalb schonend umgegangen werden muss. Nachhaltigkeit ist aber ebenso oberstes Gebot bei der Planung der Staatsfinanzen – die Schulden von heute sind die Steuern von morgen! Die Last des Abtragens jedweder Verbindlichkeiten darf nicht länger auf die nachfolgenden Generationen abgewälzt werden.

Das gilt übrigens auch für die Unternehmen: Der Druck, kurzfristig Gewinnsteigerungen zu erzielen, kann ihnen im Zeitalter des globalen Wettbewerbs bis auf weiteres nicht genommen werden. Auch trimmt dieser – oftmals seitens der Analysten und Kapitalmärkte noch verschärfte – Druck eine Unternehmung auf Effizienz und Produktivität als Grundbedingung für die Sicherung von Arbeitsplätzen. Nichtsdestoweniger muss aber auch ein Manager an morgen und übermorgen denken und sicherstellen, dass die ihm überantwortete Einheit gerade auch in Zukunft von hinreichender Wettbewerbsfähigkeit geprägt ist. Denn wenn diese schleichend oder offenkundig verloren geht – beispielsweise durch nachlassende Innovationskraft oder unzureichende Präsenz auf Wachstumsmärkten –, dann geht auch die Kraft verloren, Menschen zu beschäftigen und ihnen Zukunftschancen zu geben.

Wie können beziehungsweise sollten Werte vermittelt werden?

Damit ist – nach der Erörterung einiger Kernwerte – eine der schwierigsten Aufgaben umschrieben, die sich im Rahmen einer Wertedebatte stellen. Dass ein Kreis von Menschen sich für eine ethische Erneuerung des Landes engagiert, ist eine Sache. Dass der Wertekatalog, auf den diese Menschen sich verpflichten, aber auch möglichst breit gestreut werden muss, um Wirkung zu entfalten, ist eine andere. Wie also, so ist zu fragen, müssen die definierten Werte in die Gesellschaft und ihre Teilsysteme hinein vermittelt werden?

Es mangelt in einer modernen Gesellschaft sicher nicht an Kommunikationskanälen – im Gegenteil: Die Möglichkeiten der medialen Verbreitung sind unüberschaubar geworden. Ob Fernsehen oder Printmedien, ob Internet oder Mobilkommunikation – jeder Mensch ist heute zu jedem Moment auf mindestens einem, gewöhnlich aber auf mehreren dieser Kanäle erreichbar. Mit dem schlichten Vorhandensein dieser Verbreitungsmöglichkeiten ist die Frage nach einer effizienten Wertekommunikation aber noch lange nicht beantwortet. Vielmehr ist eine besondere Form der kommunikativen Sensibilität, ja auch der emotionalen Intelligenz gefragt, um möglichst viele Menschen für eine Wertedebatte zu gewinnen. Hier sind Unternehmenslenker, Politiker und auch die Medien gleichermaßen gefordert.

In den Unternehmen muss die Wertedebatte sicherlich zunächst durch die Unternehmensleitung angestoßen werden. Es ist ihre ureigenste Aufgabe, einen Grundkanon an Überzeugungen zu definieren und sicherzustellen, dass die Leitsätze dieses Kanons verstanden, verinnerlicht und akzeptiert werden. Möglich ist dies, wenn Vorstände und Geschäftsführer – in der Regel mit Unterstützung ihrer Kommunikationsabteilungen – durch eine einfühlsame, persönliche Ansprache die Mitarbeiter auf das Thema Werte hinweisen und ihnen zunächst ihr eigenes Verständnis von diesen Werten vermitteln.

Wichtig ist in einem zweiten Schritt, dass Mitarbeiter die Chance bekommen, die vermittelten Werte zu reflektieren und zu ihrer Weiterentwicklung selbst beizutragen. Stabil und zukunftsfähig wird das Wertegerüst eines Unternehmens nur dann sein, wenn möglichst viele Mitarbeiter sagen können: »Daran glauben wir, denn wir haben selbst daran mitgearbeitet.« Es nützt also überhaupt nichts, Werte zu oktroyieren. Intelligente Unternehmensführung zeichnet sich dadurch aus, einen dialogorientierten Prozess anzustoßen, an dessen Ende ein allseits akzeptierter Kanon an Werten steht.

Dass auch die Politik an der Vermittlung von Werten mitarbeiten muss, steht außer Frage. Entscheidend ist hier, dass ein entsprechendes Wirken der Politik zwar beim Bundespräsidenten beginnen sollte – jedoch nicht bei ihm aufhören darf. Vielmehr ist jeder Abgeordnete und Minister im Bund wie in den Ländern, ja auch jeder gewählte Kommunalpolitiker gefordert, mit den Menschen, die er repräsentiert, nicht nur über Gesetzgebungsvorhaben und die vermeintlichen Schwächen des politischen Gegners, sondern auch über den inneren Kern des Gemeinwesens zu sprechen. Das Thema taugt sicher nicht immer für eine schwungvolle Parteitagsrede. Aber dies kann nicht der alleinige Maßstab und Handlungsrahmen für Politik sein, ganz im Gegenteil: Es hätte nur Vorteile, wenn die Politik sich etwas weniger in purer Gegnerschelte erginge und dafür wieder stärker an die Selbstheilungskräfte des Landes appellierte.

Gefordert sind an dieser Stelle auch die Medien: Sie können wesentlich dazu beitragen, dass in Deutschland wieder stärker über Werte nachgedacht und gesprochen wird. Das setzt allerdings voraus, dass die zunehmende Ausrichtung einzelner Medien auf die Verkaufsfähigkeit von Schlagzeilen nicht zum beherrschenden Faktor wird. Vielmehr sollten Kommentatoren und Moderatoren ihre Leser und Zuschauer vermehrt auf gesellschaftliche Notwendigkeiten hinweisen – zum Beispiel auf das Erfordernis einer Wertedebatte. Medien, die daran mitwirken, die für diese Debatte benötigte Aufmerksamkeit herzustellen, zeigen, dass sie jenseits angestrebter Auflagenhöhen ihr Wirken immer auch als Wahrnehmung einer gesellschaftlichen Aufgabe betrachten.

Werte leben – damit sie leben

Eines ist an dieser Stelle besonders wichtig: Niemandem ist dauerhaft damit gedient, wenn Werte nur auf dem Papier stehen. Entscheidend ist, dass sie täglich, stündlich, ja minütlich zur Anwendung kommen; dass sie also gelebt werden. Dies ist vielleicht der schwierigste Part in der gesamten Wertediskussion. Zugleich ist es der wichtigste.

Es ist relativ einfach, sich in Strategierunden und Klausurtagungen auf Werte und deren künftige Gültigkeit zu verständigen. Die Prüfung beginnt im Alltag: zu Hause, am Arbeitsplatz, in der Begegnung und Auseinandersetzung mit anderen. Hier gilt es, sich tatsächlich an das zu halten, was man vorher vereinbart und zum Maßstab vor allem auch des eigenen Handelns erklärt hat. Konkret bedeutet dies: Der Mitarbeiter hat Anspruch darauf, mit Respekt behandelt zu werden. Ihn in seinen Besonderheiten anzuerkennen, ist oberstes Gebot. Dies schließt Kritik, wenn sie denn angebracht ist (zum Beispiel an unzureichender Leistung), keineswegs aus. Jedoch hat dieser Kritik stets die Wertschätzung des jeweiligen Gegenübers vorauszugehen – im Berufsleben ebenso wie in der privaten Beziehung.

Werte zu leben, heißt darüber hinaus, mit gutem Beispiel voranzugehen. Wenn ein Unternehmen sich auf Werte wie Transparenz und Nachhaltigkeit verpflichtet, dann sollte die Unternehmensführung genau diese Werte auch in ihrem täglichen Handeln, in kleinen wie in großen Dingen, beherzigen. Das beginnt damit, dass im Sinne der Nachhaltigkeit nicht jeder Inlandsflug auf Business Class gebucht werden muss. Entweder gibt es einen besonderen Grund dafür, dass der Vorstand höherwertige Dienstleistungen bezieht – dann sollten diese Gründe überzeugend vermittelt werden. Oder es gibt keinen Grund – und dann wird eben Economy geflogen. Das schont das Budget und stellt somit einen Beitrag zur finanziellen Nachhaltigkeit des Unternehmens dar – Sparen als Wertschöpfung!

Zur Rolle von Vorbildern

Das leitet zu einem Gedanken über, der hierzulande lange Zeit verpönt war: Es sollte in Deutschland wieder erlaubt, ja erforderlich sein, sich an Vorbildern auszurichten. Solange der Geist des Antiautoritären vorherrschend war, galt es als unschicklich und altmodisch, bestimmte Personen oder Persönlichkeiten als Vorbild für das eigene Handeln zu benennen. Möglicherweise boten sich im Laufe der Zeit und unter dem Eindruck von Korruptionsverfahren und vielerlei Ämtermissbrauch auch immer weniger Figuren des öffentlichen Lebens als Vorbilder an. Das Versagen der Eliten war und ist vermutlich mehr als ein gerne benutztes Klischee. Dies darf aber nicht darüber hinwegtäuschen, dass es, beispielsweise im sozial-karitativen Bereich, eine Vielzahl von Menschen gibt, deren wertebasiertes Handeln als vorbildhaft gelten kann. Sich an diesen Menschen zu orientieren, kann jene Orientierung zurückgeben, die eingangs als fehlend beklagt wurde. Dies bedeutet im Gegenzug, dass insbesondere jene Akteure, die im Rampenlicht der öffentlichen Aufmerksamkeit stehen, es als ihre oberste Pflicht verstehen sollten, stets ein vorbildhaftes Verhalten an den Tag zu legen. Immanuel Kant rief dazu auf, sich so zu verhalten, dass die Maßstäbe des eigenen Handelns zugleich allgemeingültiges Gesetz sein könnten – ein hoher Anspruch, keine Frage. Je mehr Menschen sich jedoch anstrengen, ihm zu entsprechen, desto stärker bildet sich als Kitt der Gesellschaft ein Wertekern heraus, der ihr Kraft und Zukunftsmut verleiht.

Vorbilder kann und sollte es dabei in der Politik und in der Wirtschaft ebenso geben wie in der Kultur, in den Medien und besonders im Sport. Kaum ein Massenphänomen vermag die Menschen so sehr zu begeistern, aber auch zu beeinflussen wie der Sport in seinen zahlreichen Facetten. Ein Tennisspieler, der erst den Kopf und dann den Schläger hängen lässt, wird bei seinen Anhängern ähnliche Ermüdungserscheinungen auslösen. Hingegen treibt ein Fußballer, der nicht zu laufen aufhört, bis endlich ein Tor gefallen ist, auch seine Fans zu Höchstleistungen an. Denn schließlich wohnt jedem Menschen der gesunde Ehrgeiz inne, vielleicht nicht ganz, aber doch fast so gut zu sein wie derjenige, den er (oder sie) bewundert. Sportler als Vorbilder wirken insoweit als

Multiplikatoren, die in einer Gesellschaft echte Leistungsschübe auslösen können.

Die junge Generation

In den vorgenannten Passagen ist manches postuliert und vieles gefordert worden: von Mitmenschen im nachbarschaftlichen Umfeld; von Führungskräften in der Wirtschaft; von den Medien, und nicht zuletzt von Funktionsträgern in der Politik. Klar ist aber auch: Wer in einer Gesellschaft eine Besinnung auf Werte auslösen will, der muss vor allem bei sich selbst anfangen. Deshalb sieht die Generation der 25- bis 45-Jährigen sich bei diesem Thema zuallererst in der Pflicht. Sie will diese Debatte anstoßen, um Deutschland wieder voranzubringen. Deshalb muss und wird sie sich auch an den wertebasierten Kriterien messen lassen, von denen sie meint, dass sie gut für Deutschland sind. Junge Menschen wollen und werden sich demnach dort engagieren, wo sie es für sinnvoll erachten (und andere Menschen es vielleicht zu wenig tun). Sie wollen Mut beweisen und Verantwortung übernehmen, wo andere noch das Risiko scheuen. Sie wollen integer sein, statt ungerade Wege zu gehen. Und sie werden Nachhaltigkeit im Sinne des Generationenvertrages nicht nur einfordern, sondern auch selbst zu ihr beitragen. Das umschreibt, wie die Ausgestaltung der Wertedebatte vonstatten gehen könnte. Es beschreibt hoffentlich aber auch einen Weg, über den Deutschland aus der eingangs beschriebenen Strukturkrise – dem Tal der Krise und des Jammerns – herausfindet. Dieses Land ist voller Chancen. Mit einem stärkeren Bewusstsein für die Bedeutung von Werten sollte es möglich sein, Deutschlands Zukunft positiv zu gestalten.

Teil 3
Unsere Werte

Was uns wichtig ist. Stefanie Unger, Kai Hattendorf, Sven H. Korndörffer

ISBN: 3-527-50189-4

Vertrauen

Frank Bethmann

Der fundamentale Begriff »Vertrauen« wird in seinen verschiedenen Ausmaßen von kaum einer Definition in seiner Gänze erfasst. Vertrauen – oft eine Voraussetzung wirtschaftlich erfolgreicher Interaktion – sollte als der feste Glauben, dass eine bestimmte Erwartung erfüllt wird und dass bestimmte Regeln freiwillig eingehalten werden, verstanden werden. Dabei beruht Vertrauen meist auf Gegenseitigkeit und gemeinsam gemachten Erfahrungen früherer Handlungen. Vertrauen bietet Vorteile, denn auf längere Sicht betrachtet gewinnen Strategien, die auf Vertrauen basieren und zu Kooperationen führen, mehr als Strategien, die auf Misstrauen beruhen. Vertrauen kann man vergrößern, indem man Informationen gibt oder gewinnt.[1]

Vertrauen fußt auf gegenseitigen Erfahrungen. Dabei unterscheiden sich Menschen insbesondere darin, wie häufig sie einen Vertrauensbeweis brauchen, um selbst vertrauen zu können. Manchen reicht ein Beweis, am anderen Ende der Skala sitzen die (armen) Menschen, die nicht vertrauen können. Dazwischen ist alles möglich.

Insofern handelt es sich um vermintes Gelände. Wer zu schnell Ergebnisse erwartet, kann schnell enttäuscht werden.[2]

Vertrauen beweisen Unternehmen in aller Regel bereits mit den Stellenprofilen, die bekanntesten Beispiele sind Budget- und Personalverantwortung.

Unternehmen, die Verantwortung bei ihren Mitarbeitern fördern wollen, müssen eine Atmosphäre des Vertrauens im Unternehmen schaffen. Das beinhaltet reduzierte Kontrollmechanismen, dezentrale Führungsstrukturen, aber auch Trainingsprogramme, in denen Mitarbeiter Vertrauen erlernen, ausprobieren und erben können.

Wer Vertrauen gewährt, gibt Kontrolle auf und macht sich damit verwundbar. Der Vertrauensbeweis ist ein starkes Signal an denjenigen, dem sich ein Unternehmen oder auch ein Mitarbeiter anvertraut – und damit ein sehr starkes Führungsinstrument.

Vertrauen bildet in vielerlei Hinsicht die Grundlage für jede Zusammenarbeit. Jegliche Form von Teamwork hängt direkt von einem gewissen Grundvertrauen ab.

Haben sich Mitarbeiter des Vertrauens als würdig erwiesen, kann das Vertrauen erweitert werden. Der Aufgabenbereich wächst, damit aber auch der Druck auf den Mitarbeiter, das Vertrauen zu rechtfertigen.

Mitarbeiter können mit zu viel Vertrauen überfordert werden. Sie setzen sich dann selbst unter zu hohen Druck. Hier muss im Unternehmen ein Klima herrschen, das es Mitarbeitern erlaubt, eine Überforderung einzugestehen – wobei das Eingeständnis, mit einer Aufgabe in ihrer aktuellen Form überfordert zu sein, wiederum das gegebene Vertrauen bekräftigt, indem es zu direkter, vertrauensvoller Kommunikation führt.

Als es um die Frage ging, welche Werte sind uns wichtig, sagte ich spontan: Vertrauen. Vertrauen ist für mich die Basis des Zusammenarbeitens. Ich möchte, dass man mir vertraut. Dass ich aber auch meinem Vorgesetzten vertrauen kann. Für mich ist es ein wichtiger Wert, um sich in einem Unternehmen wohl zu fühlen. Um es mit Friedrich von Metzler zu sagen: »Vertrauen ist die wichtigste Währung.« (Aus: Vertrauen ist gut ..., herausgegeben von Stefanie Unger.) Nicht nur als Wirtschaftsredakteur, auch als Mensch und Mitarbeiter möchte ich mit dieser Währung handeln und behandelt werden.[3]

Um ein Beispiel zu geben, wie wichtig Vertrauen in der tagtäglichen Arbeit ist, werde ich im Folgenden – wie sagt man so schön – aus dem Nähkästchen plaudern. Dabei geht es um ein fundamentales Thema für »Programmmacher« – um die inhaltliche Neuausrichtung der Wirtschaftsberichterstattung im ZDF-Morgenmagazin.

Als tagesaktuelles Programm, wie wir das ZDF-Morgenmagazin verstehen, ein Programm, das täglich versucht, auf die wichtigsten Ereignisse des Tages aus Politik, Wirtschaft, Sport und Kultur hinzuweisen, hatten wir bislang auch stets das am höchsten stehende Wirtschaftsthema des Tages im Visier unserer programmlichen Überlegungen. Ähnlich wie bei Tageszeitungen muss man sich vorstellen, führen Wirtschaftsthemen, wie die mögliche Schließung der deutschen Opel-Standorte oder die Liquiditätskrise von Karstadt-Quelle, auch an unserem Konferenztisch immer wieder zu Diskussionen, ob diese Themen »in der Wirtschaft laufen« sollten oder gar Aufmacherqualitäten haben (was nach unserem redaktionellen Verständnis gleichbedeutend damit ist, dass das Thema direkt nach den Nachrichten und nicht am Wirtschaftsplatz laufen muss). Hier entschieden wir in der Vergangenheit von Fall zu Fall, was zu einer gewissen Verwässerung der Programmschärfe geführt hat. Nicht zuletzt hat das Profil der Wirtschaftsberichterstattung darunter gelitten.

Intern formulierte ich es einmal so: Wir machen dem Zuschauer nicht genug deutlich, warum wir einen Wirtschaftsmoderator haben. Mal wird an der Wirtschaftsposition ein serviceorientiertes, dann ein sozialorientiertes Stück gesendet. Dann wieder gibt es ein Hintergrundstück. Flexibilität und Abwechselung sind gut, sie dürfen jedoch nicht zur Beliebigkeit führen. Der Zuschauer muss, wie an den anderen Positionen des Programms auch, wissen, was ihn erwartet – auch »am Wirtschaftsplatz gegen Zwanzigvor«. (Im ZDF-Morgenmagazin berichten wir über Wirtschaftsereignisse gegen 5.40, 6.40, 7.40 und 8.40 Uhr.)

Soweit die Ausgangslage, doch was daraus machen? Von meinem Redaktionsleiter und Vorgesetzten wurde ich seit geraumer Zeit mit einer stärker verbraucherorientierten Ausrichtung konfrontiert. Sie merken es bereits an meiner Formulierung, glücklich war ich damit nicht und erkläre Ihnen auch warum. Der Veränderungswunsch brachte mich als verantwortlichen Wirtschaftsredakteur in eine Zwickmühle, denn Verbraucherthemen sind gut und erfreuen sich einer immer größeren Beliebtheit, doch waren sie redaktionsintern eine Zeit lang – salopp formuliert – völlig out. Diese Renaissance der Service- oder Verbraucherthemen machte mich und mein Ressort (eine Gruppe von acht Redakteuren), stutzig. Sollten wir uns auf ein Spezialgebiet der Wirtschaftsberichterstattung konzentrieren (oder auch einkürzen lassen), um am Ende »abgewickelt« zu werden? Diese Befürchtung bestand tatsächlich und hatte natürlich eindeutig mit fehlendem Vertrauen in die inhaltliche Ausrichtung des Programms zu tun. Zudem – und das bestärkte uns in unserer Zurückhaltung: Finden Sie mal jede

Woche fünf tagesaktuelle und konsumentenausgerichtete Themen! Diese Schnittmenge ist verdammt klein. Der Kompromiss, der sich daraus ableitete, sah folgendermaßen aus: verbraucherorientiert an den Tagen, an denen es passt, an den anderen Tagen Wirtschaft wie bisher. Diese Vorgehensweise hat – wie Sie sich vorstellen können – zur Verstärkung des Effektes »Unschärfe« geführt.

Also setzten wir uns zum Jahresanfang erneut zusammen – immer noch getrieben von der gemeinsamen Unzufriedenheit über die nicht eindeutige Ausrichtung der Wirtschaftsberichterstattung. Wofür brauchen wir die Wirtschaft im ZDF-Morgenmagazin? Was wollen wir damit erreichen? Welche Zuschauer wollen wir damit ansprechen? Diesmal eine Diskussion in einem etwas größeren Kreis. Sicher, werden Sie jetzt argumentieren, nicht unbedingt ein Zeichen von Vertrauen zwischen meinem Redaktionsleiter und mir, aber, wie wir beide fanden, doch ein Zeichen für einen offenen Dialog und Entscheidungsfindungsprozess. Am Ende stand die ausschließliche Ausrichtung auf Verbraucherthemen. Und wenn es keinen tagesaktuellen Bezug gibt, dann ein gefühlt aktuelles Thema. Mit anderen Worten ein Thema, welches in die Zeit passt. Das kann zum Jahresende beispielsweise die Überprüfung der Autoversicherung sein. Liege ich damit noch richtig?

Nicht jeder Kollege meines Teams ist bis zum heutigen Zeitpunkt, an dem ich diesen Text verfasse, mit dieser Entscheidung glücklich. Womit ein weiteres Problem entstanden ist, das unmittelbar mit dem Wert Vertrauen in Verbindung steht. Denn wie heißt es weiter oben so schön: Jegliche Form von Teamwork hängt direkt von einem gewissen Grundvertrauen ab. Auf mein Team bin ich angewiesen. Fernsehen ist, wie viele andere Tätigkeiten auch, ein Gemeinschaftsprodukt. Allein bist du nichts, zusammen viel. Will sagen: Meine Kollegen müssen darauf vertrauen, dass ich morgens während der Sendung die richtigen Worte finde, tagtäglich aber vertraue auch ich ihnen, dass sie mir den nächsten Morgen vorbereiten, mir die richtigen Informationen und Fakten zuarbeiten. Und dieses Vertrauen ist größer, wenn ich weiß, dass alle auch diesen nicht einfachen Weg der Umstrukturierung mitgehen.

Vertrauen zielt also in beide Richtungen – nach oben und nach unten. Und eines weiß ich daher genau: Vertrauen ist nicht auf einmal da. Vertrauen muss wachsen. Und für Vertrauen muss man auch in Vorleistung gehen können. Man macht sich damit zweifelsfrei angreifbar, aber man kann auch mehr erreichen; vor allem qualitativ bessere Ergebnisse. Vertrauen ersetzt nicht (immer) Kontrolle. Aber Vertrauen macht vieles einfacher. Ich wünsche mir, dass mir mehr Vertrauen entgegengebracht wird, weil ich es in meinem bisherigen Berufsleben gewohnt war, vertrauensvoll zu arbeiten. Mit dem Vertrauen steigen Wertschätzung, Anerkennung und Respekt. All diese Primärwerte sind für mich eng miteinander verbunden.

Es fällt schwer, konkrete Lösungen bei mangelndem Vertrauen vorzuschlagen. Vertrauen bringt die Zeit, wobei sicher Werte für verschiedene Personen wechselnde Bedeutungen haben. Wahrscheinlich ist jedem der Wert Vertrauen wichtig, aber eben unterschiedlich wichtig. Und so braucht es hier und da offensichtlich auch mehr Zeit. Um Vertrauen zu bilden, muss man sich besser kennen und auch die Fähigkeit entwickeln, sich in sein Gegenüber hineinzuversetzen. Wie denkt der andere? Warum argumentiert er so? Ich kann mich erinnern, mit meinem Redaktionsleiter in einem allerdings anderen Zusammenhang über Illoyalität gesprochen zu haben. Vertrauen ist das beste Mittel, Mitarbeiter an sich und an das Unternehmen zu binden. Zielvereinbarungen wie diese basieren auf gegenseitigem Verständnis und dem Finden von gemeinsamen Lösungen, die man in der Folge umzusetzen versucht. Auch das schafft Vertrauen.

Respekt

Kai Hattendorf

Von zentraler Bedeutung für den erfolgreichen Einsatz von Werten in Unternehmen ist das Wertepaar Respekt und Toleranz. Respekt beschreibt dabei die gegenseitige Anerkennung und Wertschätzung der Persönlichkeit sowie die Achtung von Verhaltensweisen und Leistungen. Ergänzend meint Toleranz eine Situation, in der Harmonie über Unterschiede hinweg bestehen kann. Sie trägt dazu bei, den Kult der Konfliktbildung durch eine Kultur der Konfliktlösung zu überwinden, wodurch Unternehmen wie Mitarbeiter gewinnen.

Respekt als Wert in einem Unternehmen durchzusetzen und respektvolles Verhalten zu fördern, zahlt sich für Unternehmen in jedem Fall aus: In einer von Respekt geprägten Firmenkultur verringert sich die Zahl unsachlicher Konflikte, Mobbing geht zurück oder verschwindet ganz. Mitarbeiter, die gegenseitig Respekt vor der Arbeit des anderen beweisen, sind im Konfliktfall in der Lage, Privates und Berufliches auseinander zu halten. Damit wird es möglich, diese Konflikte sachlich auszutragen, ohne den Kollegen zu verletzen. Wichtig aus Sicht des Unternehmens: Die Mitarbeiter sind dann auch weiterhin imstande, menschlich zusammenzuarbeiten – trotz inhaltlicher Differenzen. Damit wird Respekt letztlich zum Treiber von Produktivität. Von solchen Stressfaktoren befreit, bekommen die Mitarbeiter ihre Köpfe frei für die eigentliche Arbeit – sie werden kreativer und für das Unternehmen wertvoller.

Entscheidend ist es, Respekt wie auch Toleranz im richtigen Maß einzusetzen. Ein Übermaß an Respekt vor den bestehenden Strukturen und Prozessen mindert seinerseits wieder schnell die Leistungsfähigkeit eines Mitarbeiters. Er unterschätzt sich und seine Fähigkeiten, oder er zeigt übersteigerte Ehrfurcht vor Kollegen und/oder Aufgaben. Gleichzeitig sind Mitarbeiter, die über zu wenig Respekt vor anderen und vor dem Unternehmen verfügen, auch wieder ein Risiko: Respektlosigkeit führt schnell zu einem unangemessenen Maß an Eigenständigkeit, die zum Auslöser wird für Kommunikations- und Kontrollprobleme. Ein solcher Mitarbeiter verliert damit seine Glaubwürdigkeit nach innen wie nach außen und kann so dem Image des Unternehmens schaden.

Es gilt also festzulegen, wie Respekt verstanden wird – und es gilt, die entsprechenden Verhaltensformen zu definieren und im Unternehmen umzusetzen. Um zwei Beispiele zu geben: Respekt zeigt, wer die Arbeit seiner Mitarbeiter achtet und ihnen dieses auch nahe bringt. Und Respekt beweist umgekehrt auch der Mitarbeiter, der seiner Führungskraft vertraut. Im Gegenteil ist es respektlos, die Leistung von Kollegen in den Schatten zu stellen, um die eigenen Arbeitsergebnisse in den Mittelpunkt zu drängen.

Hierbei hat es wenig Sinn, detaillierte Kataloge in den Unternehmen aufzustellen. Es geht vielmehr darum, den passenden Rahmen zu setzen, der einen respektvollen Umgang miteinander ermöglicht.

Letztlich müssen Unternehmen entscheiden, in welcher Gewichtung sie Respekt und Toleranz in ihre Kultur einbauen. Als Kernwert verstanden, heißt es, dass die Einhaltung von Respekt auch eingefordert werden muss – und dieses auf respektvolle Art und Weise. Unverbindlicher ist es, Respekt und Toleranz als Leitbilder oder Verhaltensweisen lediglich anzustreben und damit der Umsetzung einen »Werkstattcharakter« zu geben. In den meisten bekannten Fällen wird der zweite Weg beschritten.

Für die Umsetzung im Unternehmen gibt es zwei Ansatzpunkte: die Integration in Firmenkulturen und Leitbilder sowie das individuelle Vorleben respektvollen Verhaltens durch das Topmanagement. Den meisten Erfolg verspricht eine Kombination aus beiden Ansätzen.

Wie bei allen anderen Werten auch sind wir überzeugt, dass ein Vorstand Respekt von seinen Mitarbeitern nur dann glaubhaft einfordern kann und bekommen wird, wenn er oder sie den Wert selbst als Beispiel vorleben. Die Vorbildfunktion des Topmanagements ist auch hier von enormer Bedeutung. Gleichzeitig bedarf es aber auch des passenden Grundverständnisses im Unternehmen, dass die Fach- und Führungskräfte Spielräume bekommen, um sich respektvoll gegenüber Kunden wie Mitarbeitern verhalten zu können. Das erfordert von der Führungskraft in vielen Fällen auch den Verzicht auf die Dominanz der eigenen Denkweise – was keine einfache Forderung ist. Dieses kann und sollte verbindlich über die Firmenkultur geregelt werden.

Durch entsprechendes Verhalten entsteht Achtung vor den Verhaltensweisen und den Leistungen der Kollegen und Mitarbeiter. Bei Respekt gilt aber noch mehr als bei vielen anderen Werten die Feststellung: Respekt kann man nicht erzwingen, man muss ihn sich erarbeiten.

Respekt und Toleranz werden oft als Selbstverständlichkeiten gesehen – entsprechend fehlt es in vielen Firmen an Umsetzungsvorgaben. Nur wenige Unternehmen haben daher diese Werte als Basiswerte aufgenommen. Ein Beispiel ist der Verhaltenskodex *Partnerschaftliches Verhalten am Arbeitsplatz* der Deutschen Bundesbank in Frankfurt: Er formuliert klare Regeln für Verhaltensweisen, die häufig nicht geregelt werden (und deshalb manchmal geduldet sind), etwa: Mobbing, sexuelle Belästigung oder diskriminierendes Verhalten. Die Bundesbank macht es sich zur Führungsaufgabe, partnerschaftliches Verhalten zu fördern. Wenn die Vorgaben nicht befolgt werden, hat die Bank Vorgehensweisen aufgelistet, wie Konflikte gelöst werden können, etwa durch die Einschaltung der Personalabteilung. In gravierenden Fällen sind auch Sanktionen definiert, die bis zur Kündigung reichen.

Verantwortung

Liane Scheinert, Jens-Thorsten Rauer und Stefanie Unger

Verantwortung bezeichnet ein bewusstes persönliches und schlussendlich verinnerlichtes Verständnis für Handlungen und deren Konsequenzen in einem großen Zusammenhang über persönliche Zielsetzungen hinweg und schließt auch die Übernahme der Folgen einer Handlung mit ein. Verantwortung zu übertragen ist ein Beweis für Vertrauen. Verantwortung zu suchen und anzunehmen ist ein starker Indikator für hohe Motivation. Unternehmen mit mehr Verantwortungsträgern in flachen Hierarchien sind schneller und beweglicher.

Unternehmen, die Verantwortung bei ihren Mitarbeitern fördern wollen, müssen eine Atmosphäre des Vertrauens im Unternehmen schaffen.

Die Debatte über Verantwortung wurde in der deutschen Wirtschaft unter anderem durch Bilanzskandale am Neuen Markt der Deutschen Börse ausgelöst. Im Ergebnis wurde 2003 der Corporate Governance Kodex eingeführt. Er basiert auf der Arbeit der gleichnamigen Regierungskommission und besteht sowohl aus gesetzlichen Vorschriften als auch aus nicht bindenden Empfehlungen. Der Kodex hat teilweise zu einem Sinneswandel geführt: Mehr als ein Drittel aller DAX-Firmen veröffentlicht inzwischen Detailangaben zu den Bezügen ihrer Vorstände. Unternehmen, die dieser oder anderen Regeln oder Empfehlungen des Kodex nicht folgen, werden inzwischen öffentlich heftig kritisiert. Durch diesen öffentlichen Druck werden Unternehmen dazu gedrängt, Regeln einzuhalten, die das Vertrauen in den deutschen Aktienmarkt wiederherstellen und das Land als Finanzstandort für nichtdeutsche Anleger attraktiver machen können. Zudem ist die öffentliche Debatte, die den Kodex nach wie vor begleitet, ein Katalysator für weiter reichende Debatten über (zuvor in Deutschland wirtschaftsferne) Themen wie soziale Verantwortung von Unternehmen, Unternehmenswerte und Corporate Citizenship.

Was kostet es Verantwortung nicht zu leben oder in einem Unternehmen zu haben?

Ohne Verantwortung ist ein Unternehmen nicht existenzfähig. Ein Mangel an der Bereitschaft, Verantwortung zu übernehmen, erzeugt Stillstand, Stagnation und Demotivation. Weiterhin sorgt er für extreme Ineffizienz und Ablenkung von dem eigentlichen Unternehmensziel.

Ein Mangel an Verantwortungsmöglichkeit reduziert die Lernfähigkeit der Mitarbeiter und die Bereitschaft sich zu engagieren. Darüber hinaus entzieht er Wettbewerbsfähigkeit.

Was bringt Verantwortung?

Verantwortung ermöglicht die klare Zuordnung von Erfolg und Ergebnissen. Verantwortung bedeutet Führung und Klarheit. Sie ermöglicht Verlässlichkeit untereinander. Die Klarheit der Zuordnung vermittelt Stabilität und regt zur Investitionsbereitschaft an. Zu allerletzt erzeugt sie ein positives Unternehmensklima.

Umsetzungsmaßnahmen

Wie kann Verantwortung umgesetzt werden? Bei den möglichen angewandten Messinstrumenten handelt es sich um Ideen und Tools, die für alle Werte übergreifend zählen und daher nicht bei jedem Wert individuell genannt werden müssen. Bei Anreizen allerdings kann man unterscheiden und für unterschiedliche Werte individuelle Anreize aufführen. Zum Beispiel sollte bei dem Wert Verantwortung, dem zusätzlichen Risiko, der Bereitschaft Eigenverantwortung zu übernehmen und den zusätzlichen Druck in Kauf zu nehmen, eine Belohnung erfolgen. Die Akzeptanz von Fehlern in dem Sinne, dass sie als Lernmöglichkeit dienen und nicht als Karriereblocker – könnte ebenfalls ein Anreiz für Verantwortungsbereitschaft sein. Die Belohnung von Leistungsbereitschaft und Engagement ist ein weiterer, sehr wichtiger Anreiz, der zur Wahrnehmung von Verantwortung führt.

Mut und Courage

Mathias Bucksteeg

Lexikalisch sind »Mut« oder auch die aus dem Französischen stammende »Courage« die Fähigkeit einer Person, ihre Furcht zu überwinden und etwas zu tun, vor dem man gewöhnlich Angst hat. Dazu bedarf es zweierlei: Leidenschaft und den Willen etwas zu erreichen oder zu bewegen. Die altgermanische Wurzel des Wortes Mut (»Muod«) bedeutet »nach etwas trachten«. Noch interessanter ist die Sinnverwandtschaft mit dem Wort »Risiko«, abgeleitet von dem altitalienischen »Risicare«, ein ursprünglich seemännischer Begriff der »gefährliche Klippen umschiffen« bedeutet.

Peter L. Bernstein hat in seinem Buch *Against the Gods. The remarkable story of risk* (New York 1996) solche Zusammenhänge treffend beschrieben. In diesem Sinne ist Risiko eine Sache der Abwägung und Entscheidung. Mutig verhält man sich, um ein ehrgeiziges Ziel zu erreichen. Das unterscheidet den Mut im Übrigen von der Tapferkeit: das Element des Dynamischen, des »Etwas-bewegen-Wollens«. Man hält tapfer durch in widrigen Umständen, aber man packt mutig etwas an. Eine junge Führungskraft, die auf dem Sprung ist, ihr komplettes Wissen, ihre ganze Persönlichkeit – und ihre Karriereaussichten – für ein Projekt aufs Spiel zu setzen, muss aber wissen, dass sie Verbündete hat: das eigene Unternehmen, das ihre Ziele teilt und bereit ist, Risiken mit zu tragen und sich ein eventuelles Scheitern als Lerneffekt nützlich zu machen. Mut überwindet Furcht, aber er scheut Sinnlosigkeit.

Der Mut ist in vielen Fällen eine Berufstugend, bei Soldaten, Streifenpolizisten, Feuerwehrleuten, Sprengmeistern, Küstenfischern, Akrobaten, Journalisten in Diktaturen oder auch Klettersportlern. Man merkt es erst an der Verachtung, wenn er dort fehlt. Mutiges Unternehmertum dagegen scheint aus der Mode gekommen, jedenfalls wird es einem von den Vorgesetzten nicht beigebracht, vielleicht aus Angst, selbst für die Tollkühnheit der nachdrängenden »Youngster« in Haftung genommen zu werden.

Fest steht, dass es ohne Mut keine tragfähigen wirksamen Innovationen gibt. Manager sind heute innovativ oder sie fallen morgen zurück. Joan Magretta zitiert James Bryant Conant, einen früheren Präsidenten der Harvard Universität: »Denken Sie an die Schildkröte, sie macht nur einen Fortschritt, wenn sie ihren Nacken herausstreckt« (zitiert in: *What Management is,* 2002). Aber: Jeder Euro, der in das Morgen investiert wird, muss dem Heute abgezogen werden, ohne Sicherheit, dass aus der Investition eine Rendite wird. Entsprechendes »Spielgeld« ist in den meisten Unternehmen heute Mangelware. Wer als Nachwuchs eine Idee hat, der wird erst einmal in ein größeres Team eingebunden, erste Aufgabe ist ein Refinanzierungsplan. Zu oft enteignen dann die erfahrenen Füchse die Idee – der Erfolg wandert nach oben, das Risiko nach unten. Der Anfang einer »mutigen« Unternehmenskultur wäre vielleicht so etwas wie ein internes Patentwesen: Mit einer guten, mutigen Idee könnte man dann wirklich reüssieren.

Mutige Mitarbeiter sind allerdings immer unbequem – vor allem für die, die alles beim Alten belassen wollen. Mit Initiativen macht man sich angreifbar, und nur wenn ein Unternehmen mit Fehlerfreundlichkeit reagiert, sichert es sich den leidenschaftlichen, überzeugten und mutigen Einsatz seiner Mitarbeiter und Mitarbeiterinnen. Es sind ohnehin meist zu wenige, die etwas wagen. Charles Handy, britischer Wirtschaftsphilosoph und ehemaliger BP-Manager, bringt den Zusammenhang von Courage, Selbstverantwortung und gemeinsamer Sache des Unternehmens in seinem Buch *The Elefant and the Flea* auf den Punkt. Große Organisationen, so Handy, brauchen zum Überleben irritierende Individuen, um sich immer wieder zu Innovationen aufraffen zu können, und sie müssen diese »Flöhe« nicht nur dulden, sondern gezielt anziehen, hegen und pflegen. Noch nie mussten Unternehmen so schnell lernen wie heute. Das Gegenteil von Mut ist das Zaudern, die Zaghaftigkeit, die mentale Ladehemmung angesichts zu treffender Entscheidungen. Kein Unternehmen kann das wollen oder es sich in der beschleunigten Globalisierung leisten.

Der Wert »Mut/Courage« hat erhebliche Konsequenzen für Management und Unternehmensführung. Das *Cluetrain-Manifest,* das 2000 von Insidern als Roadmap der New Economy gefeiert wurde, fasst es recht drastisch zusammen: »Als Geschäftspolitik sind alte Kommandostrukturen Gift. Einem misstrauischen und auf Befehl und Gehorsam basierenden Management begegnen Wissensarbeiter mit Feindseligkeit, die Reaktion des Marktes ist ebenfalls – Misstrauen«. Dieses Zitat verweist zum einen darauf, dass in weniger als zehn Jahren allein angesichts des demografischen Wandels zwangsläufig eine Verknappung leistungsbereiten und engagierten Führungsnachwuchses eintreten wird und dass Unternehmen alles, wirklich alles tun müssen, um sich für diesen Nachwuchs interessant zu machen.

Zum anderen verweist das *Cluetrain-Manifest* auf den Zusammenhang zwischen Mut und Marke. Nicht nur ist ein couragierter Führungsnachwuchs essenziell für die Innovationsfähigkeit des Unternehmens, sondern eine entsprechende »mutige« Kultur ist auch zentral für die Wahrnehmung des Unternehmens im Markt. Junge Führungskräfte stehen nur mit einem Bein in der Firma, mit dem anderen in der Gesellschaft, in zahllosen Netzwerken, kommerziellen, nicht- oder halbkommerziellen, und sie engagieren sich gesellschaftlich. Immer haben sie ihre Visitenkarte dabei. Wem sie begegnen, der registriert den Firmennamen ebenso wie die Haltung. Führungskräfte, die dann in der Lage und mutig genug sind, Zusagen zu machen, ohne sie tausendfach abgesprochen zu haben, Standpunkte zu vertreten, ohne sie an die des CEO anzupassen, sind ein gutes Aushängeschild für ihr Unternehmen. Sie ersetzen Millionenbeträge im Marketing, und sie sollten nicht riskieren, für ihre Interpretation des Unternehmensinteresses mindestens gerüffelt und im Extremfall gefeuert zu werden. Es gibt Vorstandsbüros, die geradezu geheimdienstliche Aktivitäten entfalten, um einem allzu eigenständigen Auftritt des Nachwuchses auf die Schliche zu kommen. Nichts aber ist erbärmlicher als ein junger Manager, der in kleiner Runde ständig beteuern muss: »Das sage ich jetzt nicht als Vertreter der Firma XY.«

In ihrem Buch *Gebt uns das Risiko zurück!* (1998) bringen Konrad Wetzger, Peter Strüven und Linda Bilmes (damals alle drei Boston Consulting Group) Beispiele für »Intrapreneurship«. Darunter versteht man die Führung couragierter Mitarbeiter nicht nur als Profitcenter, sondern als mutige und couragierte Teilunternehmen in gemeinsamer Sache, die auf Basis eines definierten Zielverständnisses und einer vereinbarten Baseline ihre Projekte – und das damit verbundene Wagnis – selbst definieren und verantworten. Um das zu können, müssen sie Bestehendes in Frage stellen, Kritik äußern, auf Probleme und Fehler aufmerksam machen. Diese »Flöhe«, um bei Charles Handy zu bleiben, investieren in Projekte mit unbekanntem Nutzen – möglicherweise aber auch noch ungeahntem Profit. Sie tun das zum Teil auf eigene Kappe und Risiko, sie gehen mit ihrer ganzen Persönlichkeit für das Unternehmen »in Vorlage«. Derjenige ist ein wahrhaft guter Unternehmer und Vorstand, der das achtet und belohnt. Sicher: Wer mutig scheitert, kann eventuell nicht auf seinem Posten bleiben. Aber er sollte auf einen neuen Platz im Unternehmen gestellt werden, auf dem er diese Erfahrung konstruktiv nutzen kann.

Über das Mittelmaß hinausgehen sowie sich mutig und rückhaltlos engagieren wird nur, wer sich seinerseits auf das Unternehmen verlassen kann und darauf, dass gemeinsam vereinbarte Ziele auch Bestand haben. Courage und Verlässlichkeit, das heißt das nachhaltige und langfristige Verfolgen von Zielen, sind zwei Seiten einer Medaille. Basis für eine »mutige« Unternehmenskultur ist deshalb ein gemeinsames Commitment von Unternehmensführung und Mitarbeitern auf die Ziele des Unternehmens, nicht auf die Details von Organigrammen, Stellenbeschreibungen und Mitzeichnungspflichten. Leitbilder sind in der Regel zu vage, um sich darauf verlassen zu können.

Die Rendite einer mutigen Unternehmenskultur kann gewaltig sein: Sie besteht in Strukturen, die »Intrapreneurship« unterstützen. Und sie kann junge Manager zu selbstbewussten Botschaftern des Unternehmens machen. Das Unternehmen denkt und handelt beweglicher: Entscheidungen fallen schneller, die Innovationskraft wird strukturell gesteigert. Derart »ermutigte« Manager tragen die Marke des Unternehmens über ihre Persönlichkeiten weiter in die eigenen Netzwerke – mit derart glaubwürdigen Botschaftern ist ein Imagetransfer in Bereiche möglich, die die klassische Werbung gar nicht erreichen kann. Den (flexiblen) Rahmen für das Handeln der »Mutmacher« bieten belastbare Zielvereinbarungen, aus denen Spielraum entsteht für neue, bessere Lösungen.

Zu guter Letzt: Mut schafft Motivation – und steigert damit auch noch die Produktivität des gutbezahlten Nachwuchses, weil dieser seine ganze Leidenschaft in den Job investiert –, der CEO wäre doch töricht, der darauf verzichten wollte.

Integrität

Kai Hattendorf

An anderer Stelle werden Vertrauen, Respekt und Verantwortung als zentrale Werte beschrieben, für die wir uns als Initiative stark machen. Eng verwandt mit diesen Werten ist der Begriff »Integrität«, der als Denk- und Verhaltensweise für uns eine entscheidende Rolle für das Leben von Werten hat.

Integres Handeln ermöglicht ein im positiven Sinne berechenbares unternehmerisches Denken. Basis ist das verinnerlichte Verständnis von Managern wie Unternehmensführern, dass sich die persönlichen Überzeugungen im individuellen Verhalten widerspiegeln. Schon die Worthistorie macht klar, dass es sich hier um eine absolute Eigenschaft handelt: Integrität leitet sich ab vom lateinischen »in tangere«, was übertragen »unberührbar« heißt.

Wer also tut, was er sagt, handelt integer. Wer handelt, wie er denkt, handelt integer. Wer auch in Konfliktsituationen zu seinen Werten steht, der handelt integer. Kurz: Integrität bedeutet, dass die persönlichen Werte sich im Reden wie im Handeln wiederfinden. Ein integrer Mensch ist und bleibt sich treu – das macht ihn zu einer Autorität, einer starken Führungskraft, die andere auch anleiten kann, und auf die die Beteiligten, Mitarbeiter wie Topmanagement, sich verlassen können.

Gerade im alltäglichen Wirtschaftsleben wird diese Einstellung jedoch sehr häufig der Probe aufs Exempel unterzogen. Entsprechend mannigfaltig sind die Konfliktfelder. Im alltäglichen Umgang mit ihnen stellen sich dem Manager reihenweise Prüfungen, um die eigenen Werte zu hinterfragen und in vielen Fällen zu gewichten. In Anlehnung an den an anderer Stelle beschriebenen Umgang mit Mut ist dabei gegebenenfalls ein couragiertes Handeln gefordert, so dass man – ganz im Sinne der »Zivilcourage« – von der Notwendigkeit einer »Werte-Courage« reden kann. Wer – auch gegen interne Widerstände und möglicherweise verbunden mit persönlichen Risiken – bestimmte Werte und Verhaltensweisen verteidigt und durchsetzt, der beweist in diesem Sinne »Werte-Courage«.

Solche wertecouragierten Führungskräfte sind gefragt in der Wirtschaft. Und doch fällt es Managern oft schwer, ihre persönlichen Werte dann auch in einem Unternehmen zu leben, nachdem sie eine neue Position angetreten haben. Es droht ein Teufelskreis: Der Manager, der bewusst ins Unternehmen geholt wurde, um mit seiner Integrität Veränderungen zu erreichen, muss diese Integrität zuerst einmal gegen den Innendruck des Unternehmens behaupten. Gelingt ihm dieses nicht, war die Einstellung unter diesem Gesichtspunkt bereits nicht erfolgreich.

Da es sich bei Integrität vor allem um einen persönlichen Wert handelt, ist eine »Übersetzung« nötig, um integres Verhalten operativ in Unternehmen leben zu können. So findet sich Integrität gegenüber dem Unternehmen vor allem bei eigentümergeführten Unternehmen – hier sind Loyalität und Unternehmensziel durch die Aufbau- und Managementleistung des Eigentümers und seiner Familie in aller Regel eindeutig reflektiert. Da die Interessen einer eigentümergeführten Unternehmensleitung als identisch zu denen des Unternehmens angenommen werden dürfen, bleiben Zielkonflikte in aller Regel aus. Wenn es dann dem Eigentümer noch gelingt, dass das Management seine Handlungsweisen übernimmt, dann nimmt die Belegschaft Integrität im Alltag unmittelbar wahr.

Anders sieht es in vielen Fällen bei börsennotierten Unternehmen und bei Großkonzernen aus. Hier ist es schwerer, Integrität der Belegschaft einzufordern, weil die Interessen des Managements eben nicht automatisch denen des Unternehmens entsprechen müssen. Für den Alltag ist auch hier zuerst die Unternehmensspitze gefordert, ein integres Verhalten vorzuleben und als Vorbilder zu agieren. Dass die Maßnahmen, mit denen Integrität belegt werden soll, hierbei noch mehr als andere Werte einer nachhaltigen Hinterfragung standhalten müssen, liegt in der Natur des Themas.

Um Integrität in Konzernen erfolgreich zu leben und umzusetzen, reicht aber die Vorbildfunktion des Topmanagements nicht aus. Zusätzlich muss integres Verhalten möglichst umfassend über die unternehmensinterne Governance und die sie begleitenden internen Prozesse eingefordert werden.

Ein Beispiel dafür, wie man dieses umsetzen kann, bietet die Deutsche Gesellschaft für Technische Zusammenarbeit (GTZ). Als international tätige Gesellschaft hat sie die Aufgabe, nachhaltige Zusammenarbeit zu gestalten. Um allen Mitarbeitern ein gemeinsames Rüstzeug an die Hand zu geben, hat die GTZ umfassende *Grundsätze integren Verhaltens* formuliert und eingesetzt. Diese gruppieren sich um sechs zentrale Prinzipien, die ihrerseits ausführlich erläutert werden.[4] »Integritätsberater« können bei der Umsetzung helfen. Doch damit nicht genug: Gleichzeitig mit den Richtlinien ist auch ein Kontrollmechanismus eingeführt. Geschäftspartner werden beispielsweise ausdrücklich aufgefordert, es der GTZ zu melden, wenn sie denken, dass Mitarbeiter des Hauses gegen die Richtlinien verstoßen.

Das Beispiel zeigt: Integrität kann – bis zu einem gewissen Punkt – in Managementprinzipien umgesetzt werden. Es gibt zahlreiche Eigenschaften, die zur Integrität gehören, etwa Ehrlichkeit, Pflichtbewusstsein, Zuverlässigkeit und Transparenz. Einzeln sind diese Verhaltensweise jedem Mitarbeiter vermittelbar – die GTZ übersetzt etwa »Transparenz« in die Anweisung: »Wir sorgen dafür, dass unser Handeln und unsere Beweggründe verständlich und nachvollziehbar sind.«

Letztlich sind integre Fach- wie Führungskräfte für Unternehmen vor allem deswegen attraktiv, weil sie eine spezielle Eigenschaft mitbringen: Integer kann schließlich nur handeln, wer zu seinen eigenen Überzeugungen stehen kann, weil er diese entwickelt und auch hinterfragt hat. Manager, die einen eigenen Standpunkt selbstbewusst vertreten und dabei auch die begleitenden Konflikte in Kauf nehmen können, vertreten ein Unternehmen nach innen wie nach außen authentischer und glaubwürdiger – und schaffen damit auch ein Mehr an Glaubwürdigkeit und einen Vorteil im Wettbewerb.

Nachhaltigkeit

Liane Scheinert, Jens-Thorsten Rauer und Stefanie Unger

Nachhaltigkeit stellt die Belastbarkeit von Zusagen und Aussagen über einen Zeitablauf mit wechselnden Rahmenbedingungen hinweg dar. Es bedeutet, sich auf etwas verlassen zu können. Nachhaltigkeit bietet den Mitarbeitern die Möglichkeit, sich langfristig auszurichten und dem Unternehmen, sie langfristig zu halten und zu motivieren.

Nachhaltigkeit heißt schlicht, gut zu wirtschaften, mit einer realistischen Ausgewogenheit von Gewinnerzielung und Sicherung der Zukunftsfähigkeit. Schon deshalb ist es unser ureigenes Anliegen, gesamtgesellschaftlich, sozial und ökologisch verantwortlich zu denken und zu handeln. Die Sensibilität dafür ist in den letzten Jahren nochmals gestiegen. Eine intensivierte Unternehmenskommunikation in Form von Umweltberichten – und in letzter Zeit vermehrt auch Nachhaltigkeitsreports –, aber auch die Diskussionen um »Corporate Responsibility« zeigen dies.

Nachhaltig agieren bedeutet, in einer realistischen Ausgewogenheit zu wirtschaften, zwischen Gewinnerzielung und Sicherung der Zukunftsfähigkeit.

Nachhaltigkeit stellt die Grundlage dar, auf Langfristigkeit ausgerichtete Entscheidungen zu treffen. Sie bedeutet die Berücksichtigung langfristiger Ziele und ihre klare konsequente Verfolgung. Sie ist eine innere Verpflichtung an langfristige Ausrichtungen. Sie bedeutet, sich nicht von Trends und möglichen unerwarteten Rückschlägen beeinflussen beziehungsweise steuern zu lassen, sondern durchdacht, konsequent und prüfend seinen Weg weiter umzusetzen. Sie bedeutet auch, nicht nur Dinge anzustoßen und anzuregen, sondern diese auch durch Unterstützung, Nachhalten, Nachfassen weiter zu verfolgen, um für eine erfolgreiche Umsetzung zu sorgen.

Die Verpflichtung zu Nachhaltigkeit sichert die Zukunftsfähigkeit des Unternehmens an sich. Sie vermittelt seinen Mitarbeitern und Konsumenten ein werteorientiertes Agieren und somit das

Vertrauen in die Zukunft des Unternehmens sowie in die Sinnhaftigkeit der eigenen Arbeit im Unternehmen.

Das Prinzip der Nachhaltigkeit fordert von allen gesellschaftlichen Gruppen einen Beitrag. Für Unternehmen bedeutet dies, dass sie als Corporate Citizen, als Bürger der Gesellschaft, in der Pflicht stehen, erstens in ihrem Einflussbereich nachhaltig zu wirtschaften und zweitens den ihnen möglichen Beitrag zu leisten, dass Nachhaltigkeit als weltweite Handlungsmaxime beachtet wird.

Nachhaltiges Agieren liefert die Basis und das Recht für die Existenz des Unternehmens. Es leistet damit einen Beitrag für die gesamte Gesellschaft: sichere Arbeitsplätze, die Stabilität der Wirtschaft, Investitionsbereitschaft, regionale Entwicklung.

Corporate Social Responsibility

In der englischen Sprache heißt es Corporate Social Responsibility (CSR) oder Corporate Citizenship. Gemeint ist: Ein Unternehmen nimmt seine gesellschaftliche Verantwortung wahr: in der Nachbarschaft, in der Stadt, im Land und weltweit. »Eigentum verpflichtet«, mahnt das Grundgesetz. Gesellschaftliches Unternehmensengagement bereichert das Firmenprofil, steigert den Stakeholder Value, schafft Beziehungen, qualifiziert und integriert die Mitarbeiter und ist in unserer Gesellschaft unverzichtbar. Dieses Engagement hat Zukunft und gestaltet sich sehr vielseitig: Bei den unterschiedlichen Formen des »Corporate Volunteering« zum Beispiel sind die Mitarbeiter praktisch eingebunden. Teamarbeit und soziale Kompetenz sind wichtige Resultate dieses Engagements.

Angewendet bedeutet Corporate Citizenship, gemeinsam mit externen Partnern bei Bildungs-, Sozial- und Kultureinrichtungen im gesellschaftlichen Umfeld einen fördernden Beitrag zu leisten. Diese Projektarbeit kann sich zum Beispiel an folgenden Leitlinien orientieren:

- Engagement mit System und nach klaren, transparenten Regeln;
- Realisieren von Projekten in enger Partnerschaft mit den Trägern der geförderten Initiativen;
- Projekte im Unternehmen breit verankern und somit auch nach innen Zustimmung und Identifikation bewirken;

- nachhaltiges Engagement mit der Förderung von Projekten im Rahmen der Möglichkeiten bis zum Abschluss beziehungsweise Erfolg.

Umwelt

Das heutige übliche Verständnis von Nachhaltigkeit geht auf die Definition des Begriffes durch die Brundtlandkommission zurück. »Nachhaltige Entwicklung bezeichnet eine Entwicklung, welche den Bedürfnissen der heutigen Generation entspricht, ohne die Möglichkeiten künftiger Generationen zu gefährden, ihre eigenen Bedürfnisse zu befriedigen.« (Brundtlandreport, 1987)

Als Person sollte man das »Package« sehen, das heißt, nicht nur auf den kurzfristigen, eigenen Vorteil bedacht sein, sondern auch an das Umfeld und Unternehmen denken. Die Frage ist: Welche langfristige Perspektive habe ich in dieser Firma? Wenn jede einzelne Person im Unternehmen in ihrem Kompetenzbereich nachhaltig agiert, leistet sie etwas für die langfristige Existenz des Unternehmens und die Sicherung von Arbeitsplätzen. Letztlich verkörpert das Individuum mit nachhaltigem Denken auch eine Vertrauenswürdigung des Unternehmens.

Was kostet es, Nachhaltigkeit nicht zu leben?

Bei Unternehmen löst das Motivationsverlust unter den Mitarbeitern aus und dadurch auch Glaubwürdigkeitsverlust.

In der Gesellschaft bedeutet fehlende Nachhaltigkeit schnell in den Sand gesetzte Investitionen, wirtschaftliche Stagnation/Resignation und sinkende Investitonsbereitschaft.

Individuell bedeutet ein Mangel an Nachhaltigkeit Verlust von Vertrauen und Commitment seitens Mitarbeitern, Umfeld und Unternehmen. Es bedeutet Jobunsicherheit, mangelnde Konzentration und somit auch mangelnde Leistung.

Was bringt Nachhaltigkeit?

Nachhaltigkeit ist ein Return on Investment für das Unternehmen (Halten und Zufriedenstellen der Aktionäre), für die Gesellschaft (CSR, Image, Mitbestimmung) und für die Mitarbeiter (Coaching und Weiterbildungsmaßnahmen). Nachhaltigkeit ermöglicht das erfolgreiche Umsetzen von Strategien und übermittelt ein glaubwürdiges Image sowie einen glaubwürdigen Führungsansatz.

Um diesen Wert in einem Unternehmen zu messen, kann man ein Stimmungsbarometer einsetzen oder Mitarbeiterbefragungen durchführen.

Als Anreiz ließe sich bei Nachhaltigkeit in der Balanced Scorecard ein integrierter Ansatz zur Belohnung von nachhaltigem strategischem Verhalten, anstatt kurzfristigem finanziellem Erfolg übermitteln.

Teil 4
Beiträge zur Wertedebatte

Was uns wichtig ist. Stefanie Unger, Kai Hattendorf, Sven H. Korndörffer

ISBN: 3-527-50189-4

4.1 – Zur Umsetzung von Werten

Wertemanagement

Stefanie Unger

Kann man Werte überhaupt managen?

Die Aufgabe von Managern besteht grundsätzlich darin, die Entwicklungen des Unternehmens aktiv zu steuern, zu beeinflussen und zu kontrollieren. Management ist die Kontrolle von Prozessen und Entwicklungen eines Unternehmens – Werthaltungen lassen sich jedoch nicht in diesem engen Sinne managen. Sie sind Richtungsweiser und bezeichnen Schlüsselqualifikationen von Personen im privaten Leben wie im beruflichen Handeln. Die Wertorientierung von Menschen kann sehr unterschiedlich sein. Auf die Werte mancher Menschen übt die Umwelt einen großen Einfluss, auf die Werte von anderen Menschen übt sie überhaupt keinen oder nur geringen Einfluss aus. In einem Unternehmen definiert die Summe aller individuellen Wertepräferenzen in erheblichem Umfang auch die Identität des Unternehmens. Will man diese Identität beeinflussen, muss man die tatsächlichen Wertorientierungen der Mitarbeiter kennen und Möglichkeiten ausmachen, diese von Seiten des Unternehmens mit zu gestalten.

Manager sind dafür verantwortlich, steuernd und lenkend in die Ziele und Wertorientierungen des Unternehmens einzugreifen. Mit der Annahme einer Führungsposition sollte zugleich die Verpflichtung, wertbewusst zu leben, aber auch die Wertorientierung der Mitarbeiter gezielt weiterzuentwickeln, einhergehen. Ist jemand dazu nicht in der Lage, sollte er oder sie auch keine Führungsposition im Unternehmen wahrnehmen.

Der Vorbildfunktion des Managers kommt somit eine herausragende Bedeutung bei der Leitung des Unternehmens und im Verhältnis zu seinen Mitarbeitern zu.

Haben Manager Zeit für Werte?

Grundsätzlich verwenden Manager einen großen Teil ihrer Zeit für operative Fragestellungen. Es wird deshalb häufig und zu Recht bemängelt, dass vor allem für typisch führungsrelevante Aufgaben, wie etwa die strategische Ausrichtung des Unternehmens, zu wenig Zeit verbleibt. Aufgabe des Managements sollte es sein, zu leiten, zu führen und zu steuern. Sich Gedanken über Strategien und Visionen zu machen und sich mit den Zielen und den in einem Unternehmen gelebten Werten auseinander zu setzen, ist eine essenzielle Aufgabe für Manager, die sich mit der Zukunft ihres Unternehmens beschäftigen. Zu oft aber behindern die bedrängenden aktuellen Aufgaben der Manager, sich dieser Herausforderung zu stellen.

Welche Bedeutung hat Wertemanagement?

Die Bedeutung des Wertemanagements für ein Unternehmen und seine Führung ist in der Vergangenheit häufig verkannt worden. Unter Begriffen wie CSR (Corporate Social Responsibility) oder CI (Corporate Identity) wurde das Thema Wertemanagement häufig ausschließlich unter dem Aspekt einer sozial verantwortlichen Unternehmensführung gesehen. Wertemanagement ist jedoch weit mehr als das. Es beschreibt eine Aufgabe, die in der Verantwortung einer jeden Führungskraft liegt, denn sie ist eine Vermittlung von Spielregeln und Tugenden im Unternehmen, die für den Umgang der Mitarbeiter miteinander und mit den Kunden und Geschäftspartnern erwünscht und erwartet wird.

Das Umsetzen von Werten im Unternehmen beinhaltet durchaus eine pädagogische Komponente. Das bedeutet, dass man im täglichen Umgang mit Mitarbeiterinnen und Mitarbeitern, mit Kollegen, Geschäftspartnern und Kunden bei Konflikten zwischen unternehmerischen Zielen und persönlichen Wertpräferenzen vermitteln kann, welche Werte dem Unternehmen wichtig sind, welche Konsequenzen wertorientierte Entscheidungen haben und aus welchen Gründen werteorientiertes Handeln erwächst.

Jeder Mitarbeiter im Unternehmen muss die Möglichkeit haben, vom Handeln der Führungskräfte lernen zu können und dies im Falle hoher Akzeptanz zu seinem eigenen Leitbild werden zu lassen. Erwächst für ihn jedoch aus eigenen Wertpräferenzen ein Konflikt mit der Unternehmensführung, so muss er in einer solchen Situation für sich entscheiden, ob er trotz dieses Konfliktes noch eine sinnvolle, ihn erfüllende Aufgabe im Unternehmen ausführen kann, oder ob er besser beraten ist, das Unternehmen zu verlassen.

Wenn ein Unternehmen bei der Verfolgung seiner strategischen Ziele auch Werte konsequent umsetzen will, dann muss es sich entscheiden, ob es Mitarbeiter, die im Konflikt zum eigenen Werteset stehen, weiterbeschäftigt oder ob beziehungsweise wann es sinnvoll ist, sich von ihnen zu trennen.

Hierbei spielt es eine entscheidende Rolle, ob das Unternehmen einen zentralen oder dezentralen Führungsstil pflegt. Für den Fall, dass ein Unternehmen als Teil seiner Unternehmenskultur einen ausgeprägten Individualismus seiner Mitarbeiter wünscht, ist es weitgehend den Mitarbeitern überlassen, auch im Unternehmen ihren eigenen Wertpräferenzen entsprechend zu handeln.

Bedeutung als Wettbewerbstreiber

Die Bedeutung der Werte in einem Unternehmen muss stets vor dem Hintergrund gesehen werden, dass auch sie der für ein Unternehmen existenziell wichtigen Aufgabe zu dienen haben, zur Konkurrenzfähigkeit beizutragen und dafür zu sorgen, dass kontinuierlich neue Ideen entwickelt werden, Bestehendes optimiert und das Unternehmen profitabel geführt wird. Bei diesen Zielen handelt es sich hauptsächlich um diejenigen harten Faktoren, die sich im günstigen Fall auch in den Zahlen der Unternehmensbilanz widerspiegeln.

Bedeutung als Stabilitätsfaktor/Fundament eines Unternehmens

Die Wertorientierung der Mitarbeiter stellt für das Unternehmen gleichsam ein Gerüst dar. Das gilt sowohl für große als auch für kleine Unternehmen als auch für die gesamte Wirtschaft. Ähnlich wie Wurzeln einem Baum Halt und Bestand verleihen, nachhaltiges Wachstum ermöglichen und dafür sorgen, dass er bei einem Sturm nicht gleich zu kippen droht, wirken Werte für die Unternehmen. Geteilte Wertorientierungen geben den Mitarbeitern eine gemeinsame Handlungsgrundlage, darüber hinaus können sie ihnen auch ein Gefühl der Zugehörigkeit vermitteln. Ein Unternehmen, das nur darauf aus ist, Geld zu verdienen, ohne zugleich für bestimmte, allgemein anerkannte Handlungsziele oder geteilte Werte in einer Gesellschaft einzustehen, läuft Gefahr, schnell an öffentlicher Anerkennung und Glaubwürdigkeit in der Gesellschaft und bei den anderen Marktteilnehmern zu verlieren. Von langfristig erfolgreichen Unternehmen muss daher ein klarer, nicht nur ökonomisch bestimmter »Mehrwert« für die Menschen einer Gesellschaft und für das ökonomische System, natürlich auch für die Kunden, erkennbar werden. Daher bedarf es nach innen und nach außen klar definierter werthaltiger Handlungsziele, die das Unternehmensleitbild scharf profilieren.

Wann und wie sollte ein Unternehmen Werte definieren?

Unterschiedliche Umstände können ein Unternehmen dazu veranlassen, seine Unternehmensziele auch in Form von definierten Werten und Wertorientierungen seiner Mitarbeiter zu identifizieren. Um zu verdeutlichen, was hiermit gemeint ist, sollen unterschiedliche Entscheidungssituationen in Unternehmen betrachtet werden:

Bei der Gründung eines Unternehmens bietet sich im Blick auf die Definition von Werten eine geradezu ideale Situation. Das ist gerade deshalb der Fall, weil hier Organisations- und Personalstrukturen unter dem Einfluss der Ziel- und Wertvorstellung der Firmengründer oder der verantwortlichen Vorstände erstmals formuliert werden müssen.

Der Ausbau eines Unternehmens kann einen größeren Rekrutierungsbedarf mit sich bringen. Hierbei erscheint es besonders wichtig, darauf zu achten, dass Neueinstellungen wertekonform gestaltet werden. Es sei denn, man möchte diese Gelegenheit nutzen, eine Neuausrichtung des Unternehmens einzuschlagen und die Einstellungen bewusst nach einem anderen Werteset vorzunehmen.

Wenn im Rahmen von Fusionen verschiedene Unternehmenskulturen und Wertesysteme zusammengeführt und gegebenenfalls vereinheitlicht werden sollen, stellt dies für alle Beteiligten eine außerordentliche Herausforderung dar. Die Verantwortung für die Zusammenführung divergierender Unternehmensziele und -werte gehört genauso zu den zentralen Aufgaben des Managements wie die Vereinheitlichung von technischen und organisatorischen Prozessen. Zu oft wird diese Aufgabe übersehen oder zu spät in Angriff genommen. Diese Situation erfolgreich zu gestalten, ist jedoch von allen Herausforderungen die schwierigste und zugleich die wichtigste Aufgabe, bei der die Frage nach den für ein Unternehmen wichtigen Wertorientierungen von herausragender Bedeutung ist.

Akquisitionen werfen im Unterschied zu Fusionen von Anfang an die Frage auf, ob neben technischen und ökonomischen Synergien auch eine Integration der Wertorientierungen der neu hinzugekommenen Mitarbeitern möglich ist. Dabei zeigt es sich regelmäßig, dass die Wertorientierung eines Unternehmens auch einen direkten Effekt auf seine finanzielle Bewertung hat. Sollte daher das Werteset des zur Akquisition anstehenden Unternehmens die frühere Stärke des zukaufenden Unternehmens mindern, weil zu befürchten ist, dass sich auch dessen finanzieller Wert verringert, so sollte eine Zukaufsentscheidung kritisch überprüft werden.

Bei Restrukturierungen von Unternehmen ist als erstes festzustellen, welcher Bereich restrukturiert werden soll. Von entscheidender Bedeutung ist es, ob lediglich einzelne Verlaufsprozesse verändert werden sollen, oder ob eine Korrektur des kompletten Managementansatzes beabsichtigt ist. Bei Prozessrestrukturierungen sollte man darauf achten, dass die bisherigen Ziel- und Wertorientierungen nicht beeinträchtigt werden. Bei der Änderung des gesamten Managementansatzes jedoch ist auch ein Wandel in der Ziel- und Wertorientierung des Unternehmens zu erwarten. Hierbei ist sicherzustellen, dass auch die Definition und der Übergang zu neuen Unternehmenszielen und -wertorientierungen professionell durchgeführt werden.

Eine Änderung in der Geschäftsführung oder im Management setzt nicht zwingend eine Änderung der Unternehmensziele und -werte voraus, bringt diese aber häufig mit sich. Zum einen deshalb, weil neue Führungskräfte häufig auch andere Wertorientierungen in das Unternehmen einbringen, zum anderen deshalb, weil ein neues Management auch gerne die Chance wahrnimmt, sich durch die Neuausrichtung von Unternehmenszielen und -werten einen guten Ruf zu verschaffen und Change Management zu betreiben.

Auch aus Unternehmenskrisen kann sich eine neue Definition der Ziele und Werte eines Unternehmens ergeben. Das resultiert entweder aus dem Umstand, dass die betriebliche Lage dies zwingend erforderlich macht oder aus der Notwendigkeit, für das Unternehmen neue Aufgaben und Ziele zu definieren. Doch damit ist die grundsätzliche Frage verbunden, wie in Unternehmen neue Werte definiert werden können. Die Wertorientierung der Mitarbeiter von Unternehmen setzt einen Prozess der vorausgehenden Identifikation vorhandener Wertorientierungen voraus. Das beinhaltet eine intensive Auseinandersetzung mit den Wertvorstellungen aller im und um das Unternehmen herum beteiligten Parteien. Dazu zählen neben den Mitarbeitern auch die Kunden und Geschäftspartner, die Gesellschafter und Shareholder, die Gewerkschaften und relevanten gesellschaftlichen Gruppierungen bis hin zu den Vertretern von Politik und Staat. Auf dem Hintergrund eines so entstehenden, individuellen Bildes der geteilten und gegebenenfalls auch nicht geteilten Wertüberzeugungen von Mitarbeitern eines Unternehmens muss sich das Management entscheiden, welche Ziele und Wertorientierung es für eine erfolgreiche zukünftige Unternehmensführung wählt. Hierbei wird sich zeigen, dass die in diesem Buch favorisierten Werthaltungen in der einen oder anderen Form für das erfolgreiche Handeln von Unternehmen von grundlegender Bedeutung sind.

Wie und nach welchen Kriterien setzt man Werte in einem Unternehmen um?

Unterdessen finden sich auf dem Markt kommerzielle Beratungsfirmen, die sich auf das Thema der Wertorientierung von Wirtschaftsunternehmen spezialisiert haben. Doch vielfach ist deren Angebot nur sehr oberflächlich und erstreckt sich entweder darauf, den Unternehmen neue Broschüren oder abstrakte Visionen anzubieten. Im Unterschied zu solchen Angeboten gibt es weit bessere Möglichkeiten, Ziele und Wertorientierungen in Unternehmen nachhaltig und erfolgreich umzusetzen.

Eine Variante ist die Entwicklung von Anreizsystemen. Anreizsysteme können Mitarbeiter dazu motivieren, sich so zu verhalten, dass das Unternehmen die gewünschten Ziele erreicht.

Die Implementierung von Werten erfordert schrittweises Vorgehen. Als Erstes muss das Unternehmen sein gewünschtes strategisches Ziel klar definieren. Der zweite Schritt beinhaltet die Aufstellung von Anreizen. Hier geht es um die Erstellung einer Liste von Anspornen. Als Drittes ist es notwendig, eine Identifikation der unterschiedlichen Motivationsfaktoren von Mitarbeitern zu entwickeln. Schritt vier erfordert die Entwicklung von Faktoren, welche die Motivation, auch Impulse, der Mitarbeiter zünden, also sie bewegen, etwas zu tun. Als letztes muss ein Konnex zwischen den Motivationsfaktoren und einzelnen Zielen durch die gewählten Initialzündungen geschaffen werden. Die einzelnen Ziele wiederum müssen an die Komponenten, die Bestandteil des Unternehmenszieles sind, angebunden werden. Die beschriebenen Schritte lassen sich wie folgt in einer Formel skizzieren:

$$A + F * M = E (1)$$
$$E (1) * E (2) * E (3) = Z (1)$$
$$Z (1) + Z (2) + Z (3) = K (1)$$
$$[K (1) + K (2) + K (3) + K (4)] = UZ$$

Z = Ziel
UZ = Unternehmensziel
A = Anreiz
M = Motivation/Schub

F = Faktor, der den Impuls zündet
K = Komponenten, welche im Zusammenschluss das Unternehmensziel darstellen
E = Ergebnis = Führt zu

Unternehmensziel klar definieren

Bevor man ein Anreizsystem für das Unternehmen entwickelt und sich mit den Motivationsfaktoren der Mitarbeiter beschäftigt, ist es unabdingbar, ein Unternehmensziel klar zu definieren. Dies sollte nicht in Form von einem extern kommunizierbaren Mission Statement erfolgen, sondern ein erarbeitetes, festgehaltenes Ziel sein, welches sich in finanziellen Kennzahlen und möglicherweise messbaren anderen Ergebnissen darstellt. In der oben skizzierten Formel ist dieses Ziel mit der Abkürzung UZ bezeichnet. Wie oft das Unternehmensziel erarbeitet und intern besprochen wird, hängt jeweils vom Unternehmen, dessen Produktportfolio, dem Management und der Volatilität des Marktes ab. Optimal sollte dies nicht zu häufig stattfinden, da es eine Neuerarbeitung des gesamten Umsetzungsprozesses erfordert und ein Erfolg sich wegen der vielen involvierten Prozesse in der Regel erst nach ein bis zwei Jahren zeigt. Das Unternehmensziel selbst besteht aus dem Zusammenschluss unterschiedlicher Komponenten, die von einzelnen Abteilungen beigesteuert werden. Die Komponenten sind das Ergebnis eines Multiplikationsprozesses von mehreren Zielen. Diese werden von den jeweiligen Abteilungen definiert und strukturiert verfolgt.

Anreize aufstellen

Es gibt eine große Zahl von Anreizen, die für Personen, Unternehmen und eine gesamte Gesellschaft entwickelt werden können. Bei der Entwicklung von Anreizsystemen muss man zunächst die Zielgruppe kennen, für die die Anreize erstellt werden. Unterschiede können festgestellt werden hinsichtlich Alter, finanzieller Ressourcen, Geschlecht, kultureller und sozialer Herkunft. Hat man die Zielgruppen definiert und analysiert, sollte man sie in einzelne Cluster aufteilen. Für diese kann man dann passende Anreize entwickeln. Für Sportler zum Beispiel könnte ein Pokal oder eine Auszeichnung ein Anreiz sein. Für einen Schauspieler mag es Aufmerksamkeit und Ruhm, für eine karrieregetriebene Person eine Promotion oder Gehaltserhöhung sein, für andere Verantwortung, Freiraum oder Weiterbildung. Die Anreize sind zu identifizieren und einzuführen. Dabei ist darauf zu achten, dass die Anreize nicht gegen das Unternehmensziel »arbeiten«, dass sie in die finanziellen Kapazitäten der Firma und zu der Unternehmenskultur passen.

Eine Liste mit Anreizen und den entsprechenden Motivationen zeigt die Abbildung 1:

Anreiz	**Motivation**	**Faktor**	**Ziel**
Gehalts-erhöhung	Finanzielle Ressourcen	Arbeit	Zuverlässige Arbeitskraft
Auszeichnung	Anerkennung/ Aufmerksamkeit	Übung und Leistung	Leistung
Freiraum	Spielraum für Kreativität und persönliches Wohlempfinden	Verantwortungsbewusstsein und Verhältnissmäßigkeit	Innovation

Abb. 1 Anreize und Motivationen in Unternehmen

Identifikation der Motivationsfaktoren

Der erste Schritt in diesem Prozess ist die Analyse der Persönlichkeiten und der Motivationsfaktoren der Mitarbeiter. Man muss identifizieren, was die Mitarbeiter motiviert. Da die Menschen in der Regel sehr individuell geprägt sind, müssen auch viele unterschiedliche Motivationsfaktoren in Rechnung gestellt werden. Diese sind abhängig von Persönlichkeit, Erziehung, Alter und insbesondere von den externen Umständen.

Bei der Frage der Persönlichkeit ist es von zentraler Bedeutung, ob ein Mensch egozentrisch oder gemeinschaftsorientiert ist. Egozentrische Menschen neigen dazu, sich im Handeln ausschließlich am Ziel des eigenen Nutzens zu orientieren. Demgegenüber sind gemeinschaftsorientierte Menschen eher motiviert, eigene Handlungsziele dem Erreichen von gemeinsamen Handlungszielen unterzuordnen, oder sie verfolgen die Absicht in ihrem Handeln, anderen zu helfen.

Die Erziehung spielt bei Motivationsfaktoren eine wichtige Rolle, ebenso das Alter und die Lebenssituation, in der sich ein Mensch befindet. Auch externe Umstände beeinflussen die Handlungsmotivation von Menschen. Sie können Freiräume für die Entwicklung von selbstständigen Initiativen schaffen oder aber Druck auf Menschen ausüben, der ihre Freiräume einschränkt. Lebt ein Mensch in einem ihm feindlichen Umfeld, so hat er wenig Anlass, den Menschen in seiner Umgebung zu vertrauen. Stattdessen wird er sich vermutlich eher distanziert zu seiner Umgebung verhalten, da er befürchten muss, angegriffen zu werden. Im Blick auf solche und andere externe Umstände, die die Motivation von Menschen beeinflussen, können Unternehmen direkt oder indirekt dazu beitragen, die Motivation ihrer Mitarbeiter zu verändern.

Entwicklung von Faktoren, welche die Motivation, auch Impulse, der Mitarbeiter zünden

Die Faktoren, die dazu beitragen, dass bei den Handelnden ein gewünschter Impuls ausgelöst wird, können entweder strategisch platziert oder durch die klare Verteilung von Zuständigkeiten und Verantwortung sichergestellt werden.

Werden sie strategisch platziert, ist häufig eine in gewissen Grenzen zuverlässige, weil erwartbare Regelmäßigkeit gewährleistet. Doch ist in jedem Fall eine durch einen hohen Grad an persönlicher Verantwortung und Entscheidungsfreiheit bestimmte Handlungssituation zu bevorzugen, in der die Mitarbeiter durch selbstständige Einsicht und Kompetenz in ihrem Handeln motiviert und geleitet sind.

Konnex zwischen Motivationsfaktoren und einzelnen Zielen durch Initialzündung schaffen

Motivationsfaktoren wirken am besten in Form von einsichtigen Gründen und guten Argumenten, die Menschen dazu motivieren, ihre Ziele zu erstreben. Diese Gründe können überzeugend sein, müssen aber meist durch eine Initialzündung in Gang gesetzt werden. Doch auch wenn Handlungsgründe auf einer allgemeinen oder prinzipiellen Ebene einsichtig sind und überzeugen, müssen sie vom Handelnden stets in einer speziellen Handlungssituation aktualisiert werden, damit es zu einer Handlung im Einzelfall kommt. Dies ist damit gemeint, wenn hier von einer Initialzündung gesprochen wird. Ein Schüler weiß zum Beispiel, dass er am nächsten Freitag seine Hausaufgaben im Fach Mathematik einzureichen hat. Diese werden vom Lehrer gelesen, bewertet, an den Schüler zurückgegeben und fließen in die Gesamtnote für das Fach ein. Auch wenn der Schüler grundsätzlich motiviert ist und eine gute Mathematiknote bekommen möchte, so muss er sich doch zu einem bestimmten Zeitpunkt hinsetzen und die Hausaufgaben schriftlich erledigen. Dazu bedarf es einer »Initialzündung«, die ihn dazu bewegt, genau dies zu einem bestimmten Zeitpunkt auch zu tun. Als »Initialzündung« kommt zum Beispiel in Frage, dass seine Mutter ihn fragt: »Hast du schon die Hausaufgaben gemacht?« Es könnte auch sein, dass er sich daran gewöhnt hat, regelmäßig an jedem Tag zu einer gewissen Uhrzeit seine Aufgaben zu erledigen. Ist dies der Fall, dann ist die »Initialzündung« gewissermaßen in ihm programmiert. Es kann aber auch sein, dass das Kind einen Kalender an der Wand hängen hat, der für ihn als Erinnerung an die Hausaufgaben wirkt und somit die Funktion der »Initialzündung« übernimmt. Tritt die »Initialzündung« ein, macht der Schüler seine Hausaufgaben, gibt diese rechtzeitig ab, erhält eine entsprechende Note und trägt somit zum von ihm favorisierten Gesamtziel, nämlich eine gute Note, bei. Das Beispiel des Schülers lässt sich auf die Motivation zum gewünschten Handeln von Mitarbeitern in Unternehmen übertragen.

Komponenten, die Bestandteil des Unternehmenszieles sind

Für ein Automobilunternehmen ist die Produktion von Autos nur ein Ziel neben anderen. Dieses Ziel, kombiniert mit weiteren Zielen wie zum Beispiel Qualitätssteigerung, Innovation, Kundenzufriedenheit, bildet eine Komponente des gesamten Unternehmenszieles. Diese Komponente umfasst den Bereich Produktion, Entwicklung und Vertrieb und steuert zum Unternehmensziel »Steigerung der Autoverkäufe und Verbesserung in der öffentlichen Wahrnehmung (Ratings und Pressemeldungen)« bei. Man bindet das oben genannte Ziel (Herstellung eines Autos) an das Unternehmensziel (Steigerung der Autoverkäufe), indem man sie in Komponenten einbindet, die für die Erreichung des Zieles sorgen. Eine erhöhte Kundenzufriedenheit veranlasst den Kunden, durch die positive Erfahrung Loyalität dem Unternehmen gegenüber zu entwickeln und weitere Autos bei diesem Hersteller zu kaufen. Eine erhöhte Kundenzufriedenheit kann ebenfalls zu weiteren Effekten wie der »Word-of-Mouth«-Propaganda führen und andere Menschen zu dem Kauf von Autos desselben Herstellers bewegen. So haben beide Effekte zur Steigerung von Autoverkäufen des Unternehmens und damit zur Erreichung des Unternehmenszieles beigetragen.

Welche Möglichkeiten gibt es, den Erfolg der Umsetzung zu messen?

Erst die Messung der umgesetzten Maßnahmen schafft die Möglichkeit, Aussagen über deren Erfolg zu treffen. Sie gilt den Verantwortlichen als Nachweis darüber, mit Wertemanagement nachhaltig den Unternehmenserfolg zu fördern. Eine Messung erfolgt in regelmäßigen, idealerweise quartalsweisen Abständen. Klare Verantwortlichkeiten auf Vorstandsebene sorgen des Weiteren dafür, dass sich die Maßnahmen direkt auf Steuerung und Strategie auswirken.

Um den Erfolg messen zu können, müssen analytische Vergleiche gegenüber der Ausgangssituation erstellt werden. Als Indikatoren, die in Abhängigkeit der Ziele zu wählen sind, eignen sich zum einen Stimmungsbilder, zum anderen aber vor allem Finanz- und Produktivitätskennzahlen.

Stimmungs- oder auch Meinungsbilder sind analytisch aufbereitete Befragungen der Mitarbeiter bezüglich ihrer Situation im Unternehmen und ihrem Verhältnis zu unternehmensrelevanten Fragestellungen. Dabei kann sowohl auf ihr Verhältnis zum Unternehmen, seiner Strategie und seiner Ausrichtung als auch auf die persönliche Einstellung der Mitarbeiter zu Werten, Ansichten, ihrem Umfeld und der persönlichen Entfaltungsmöglichkeit im Unternehmen Bezug genommen werden. Regelmäßige Stimmungsbilder sind geeignet, einen aussagekräftigen Einblick in die Vorstellungen der Mitarbeiter zu geben und können gleichzeitig Aufschluss geben über mögliche Defizite und Problemfelder. Stimmungsbilder spiegeln das Motivationslevel und in gewisser Weise auch den »Gesundheitsgrad« des Unternehmens wider.

Neben der herausragenden Informationsfunktion für das Management sind Stimmungsbilder Zeichen einer modernen Unternehmensführung und -kultur. Mitarbeiter fühlen sich durch die Befragung als Person ernst genommen und sehen sich so in die Pflicht genommen, durch ihren Beitrag die Zukunft des Unternehmens mit zu gestalten.

Ein Merkmal moderner Meinungsanalysen ist die differenzierte Betrachtung bezüglich Abteilungen und Personenkreisen, die dank web- oder intranetbasierten Befragungsverfahren möglich geworden ist. Von großer Bedeutung ist dabei die Messbarkeit der in der Befragung erhobenen Daten, was wiederum eine sorgfältige Erstellung der Befragungsbögen unter fachkundiger Anleitung erfordert. So wird eine Frage bezüglich des Vertrauensverhältnisses zu seinem unmittelbaren Vorgesetzten mit großer Wahrscheinlichkeit von Mitarbeitern mittlerer und hoher Hierarchieebenen unterschiedlich beurteilt. Bei der Befragung von jungen und älteren Mitarbeitern wiederum können sich ebenso wie zwischen Männern und Frauen ebenfalls große Unterschiede ergeben. Das Ergebnis einer Befragung ist häufig sehr komplex und bedarf einer differenzierten Auswertung, bietet aber im Gegenzug eine solche Informationsfülle, dass viele Großunternehmen bereits regelmäßig Befragungen durchführen.

Auch im Blick auf die Frage nach den Wertorientierungen der Mitarbeiter und nach der glaubwürdigen Verwirklichung der Wertepräferenzen kommt der Analyse von Stimmungsbildern eine große Bedeutung zu. Es existieren kaum andere Verfahren, die so differenziert aufzeigen können, was den Mitarbeitern wichtig ist. Lassen die Analysen Schwachstellen erkennen, so wird eine Abhilfe der Missstände durch das Management von den Mitarbeitern als ein Vertrauensbeweis beurteilt und mit großer Wahrscheinlichkeit zur Steigerung der Leistung in diesem Bereich führen. Bei einer Folgebefragung können solche positiven Effekte gemessen werden.

Das Unternehmen kann mittels Befragungen die Wertpräferenzen von verschiedenen Gruppen im Unternehmen erfassen. Dabei ist es, neben der Erfassung von persönlichen Wertorientierungen, primär daran interessiert, den Grad der Verinnerlichung von Wertorientierungen des Unternehmens festzustellen. Dafür muss das Unternehmen regelmäßig andere Kennzahlen mit einbeziehen. Für die Qualitätskontrolle bei einem Handyhersteller wird dies beispielsweise die Anzahl der Reklamationen oder die Fertigungstoleranz sein. Für Innovation bei einem Automobilhersteller kann dies der »Time-to-Market«-Index im Vergleich zu Konkurrenten oder auch die absolute Anzahl der Innovationen in einem Bereich pro Jahr sein.

Um die Zielvorgaben in den verschiedenen Unternehmensbereichen einzuhalten, sollte das Kennzahlensystem genau analysiert und den Verantwortungsbereichen direkt zugeordnet werden. Diese Zuordnung kann entweder durch Funktionsträger in Abteilungen oder durch Verantwortlichkeiten für den finanziellen Abteilungserfolg gewährleistet werden.

Im Einzelnen muss ein Verantwortlichkeitsbereich festgelegt, eine Kennzahl für ein Ziel definiert und in der Analyse bewertet werden. Diese Bewertung beinhaltet die Relevanz der Kennzahl für die Erreichung des Ziels (mehrere Kennzahlen können einer Zielerreichung dienen) und deren Zielhorizont. Der Zielhorizont beschreibt dabei die zu erwartende Entwicklung. Die jeweiligen Zustände lassen sich durch Auswertungen der Stimmungsbilder ermitteln. Sie können bei Bedarf auf einer eindimensionalen Zahlenskala (10 für sehr schlecht, 1 für sehr gut) dargestellt werden. Kennzahlen können direkt abgebildet werden.

Abteilung/ Verantwortlichkeit	Ziel	Kennzahl	Zustand T1	Zustand T2	Wert
Polsterung/ Teamleiter	Senkung der Materialkosten	Verbrauch/ Output	$120cm^2$/ME	$100cm^2$/ME	Effizienz
Call-Center Service/Leiter	Teamgeist stärken	Vertrauen Sie Ihren Kollegen?	3,6 von 1 bis 10	6,8 von 1 bis 10	Teamwork

Abb. 2 Beispiel eines Automobilherstellers

Die Abbildung 2 zeigt ein Beispiel bei einem Automobilhersteller.

Wie sichere ich die Bestanderhaltung der gewählten Werte?

Für die Bestanderhaltung der gewählten Wertvorgaben ist in erster Linie das Management verantwortlich. Die klare Verteilung von Verantwortlichkeiten dient dazu, jeden einzelnen Mitarbeiter dauerhaft anzuhalten, sich mit diesem Thema auseinander zu setzen. Die Möglichkeit, bei Fehlverhalten konsequent zu sanktionieren, erhöht die Aufmerksamkeit der Beschäftigten. Außerdem müssen der Nutzen und die Erfolge im Unternehmen publiziert werden, damit die Maßnahmen eine ständige Würdigung und Legitimation finden.

Regelmäßige Messungen dienen dazu, Veränderungen zu erkennen und können gleichzeitig als Frühwarnindikator fungieren. Erkennt das Management negative Veränderungen rechtzeitig, so kann es schneller mit Gegenmaßnahmen reagieren.

Zur Bestanderhaltung der Wertvorgaben kann auch eine direkte Verknüpfung mit der Entlohnung sinnvoll sein. Wenige Unternehmen haben dies bisher in Betracht gezogen oder sich mit der Möglichkeit beschäftigt, und nur sehr wenige Unternehmen haben solch ein Konzept auch umgesetzt. Der Schritt, definierte Werte an die Vergütung der Mitarbeiter zu koppeln, ist daher ein mutiger, proaktiver Schritt – er ist ein Zeichen für eine moderne Managementmethode im Unternehmen. Unklar ist dabei noch, in welcher Form dies optimal umgesetzt werden könnte. Um nach den gelebten Wertvorgaben zu vergüten, muss zunächst die Möglichkeit bestehen, die gelebten Wertpräferenzen abzufragen und zu benoten. Dies könnte in Form einer 360-Grad-Bewertung stattfinden. Hierbei werden Mitarbeiter, Vorgesetzte und Kollegen zu einer einzelnen Führungskraft befragt. Lässt man die einzelnen Fragebögen von circa 20 Personen ausfüllen, kann man sich ein relativ objektives Bild von den gelebten Wertpräferenzen – die von dem Unternehmen definiert und in der Befragung genannt wurden – verschaffen. Wurden vom Unternehmen zum Beispiel die Werte »persönliche Weiterentwicklung«, »Teamwork« und »Qualität« vorgegeben und definiert, können diese auch im Umfeld des Mitarbeiters abgefragt werden. Hierbei zählt, ob er/sie sich als Teamplayer verhält, sich persönlich weiterentwickelt (Hat er beispielsweise vom Unternehmen angebotene Weiterbildungsmaßnahmen in Anspruch genommen, hat er sich eigenständig Weiterbildungsmöglichkeiten gesucht?) und seine/ihre Berichte oder und Produkte im Rahmen der gewünschten Qualität abliefert. Erhält der Mitarbeiter anhand der eingereichten Umfragen nun von 10 Punkten pro definierten Wert die Benotung 4 – so würde man ihm 40 Prozent des definierten Jahresbonus auszahlen. Gegenüber einer solchen Maßnahme wurde hierzu von Personalkräften kritisch angemerkt, dass sich Mitarbeiter gegenüber ihren Kollegen, Vorgesetzen und Kunden nur noch sehr freundlich und sehr oberflächlich verhalten, weil sie befürchten, sonst eine negative Bewertung im Rahmen der Befragungen zu erhalten. Um diesen Konflikt auszuschalten, könnte man hier einen weiteren Wert einführen, zum Beispiel den Wert »Durchsetzungskraft«. Dieser könnte ein mögliches unerwünschtes Verhalten wieder ausgleichen. Die soeben beschriebene Befragung ermöglicht es ebenfalls, strategische Implikationen einer Unternehmensausrichtung zu unterstützen und zu entwickeln. Möchte man so zum Beispiel seine Unternehmensführung, das Handeln und Denken der Mitarbeiter international ausrichten, kann man bei der Befragung Kollegen aus anderen Ländern mit einbeziehen, lässt diesen Einfluss in die jährliche Vergütung der Kollegen im Ursprungsland einfließen und fördert somit die Reaktion auf die internationalen Kollegen und damit deren Einbindung. Mit einer werteorientierten Vergütung kann man letztlich auch die Mitarbeiter einbeziehen, die »ausschließlich« oder »hauptsächlich« den Sinn ihrer Arbeit in der Bezahlung sehen.

Bei wem liegt beim Thema Wertorientierung im Unternehmen in der Regel die Verantwortung? Und: Wo sollte sie optimalerweise liegen?

Das Bewusstsein, für die Wertorientierung im Unternehmen mit verantwortlich zu sein, sollte bei jedem Einzelnen im Unternehmen vorhanden sein. Leider ist dies den meisten nicht bewusst. Im Zusammenhang mit Bilanzskandalen und Korruptionsfällen der Vergangenheit war oft festzustellen, dass ganze Unternehmen aufgrund von skrupellosem Handeln einzelner weniger Personen Schaden nahmen oder gar scheiterten.

Ein Ansatzpunkt für das Erkennen einer persönlichen Verantwortung für die Wertorientierung des Unternehmens ist, dass jeder Mitarbeiter und jede Führungskraft sich bewusst mit diesem Thema auseinander setzt. Darüber hinaus sollte eine klare Zuordnung der Verantwortung für einzelne Entscheidungen, die im Zusammenhang mit Wertorientierungen und damit verbundenen Projekten stehen, bei einzelnen Personen liegen. Das bedeutet nicht unbedingt, dass jedes Unternehmen einen internen »Wertemanager« einführen sollte. Der Erfolg einer solchen Entscheidung ist sogar sehr fraglich, da dies vielmehr als ein Delegieren dieses Sachverhalts in eine einzelne Position und damit ein Verlagern aus dem Handlungsbereich jedes Einzelnen seitens der Unternehmensführung verstanden werden kann und somit eine ausreichend intensive Beschäftigung jedes einzelnen Mitarbeiters mit diesem Thema ausblendet.

Durch eine erste Beurteilung anhand von Unternehmenskontakten, von Gesprächen mit der Unternehmensführung und den Mitarbeitern lässt sich schnell feststellen, wie weit das Unternehmen die Implementierung von Wertorientierungen bislang vorangetrieben hat. Es stellt sich in dieser ersten Analyse zumeist heraus, dass das, was in den Unternehmen hierzu gemacht wurde, sich in der Erstellung einer Broschüre oder einem kurzen Internetauftritt erschöpft. Oft wurden diese Maßnahmen von einer zentralen Stelle von einem kleinen Team, oft dem Headquarter des Unternehmens, erarbeitet, teilweise von einer Beratungsgesellschaft, manchmal sogar auch von einer Gruppe von Werkstudenten. Selten ist jedoch festzustellen, dass ein intensiver Prozess zu dem Thema stattgefunden hat, in den eine größere Anzahl von Mitarbeitern involviert war. Ursache dafür ist häufig zum einen, dass solche Prozesse, in die viele Mitarbeiter einbezogen werden, sehr zeitintensiv sind und viel Abstimmungsbedarf haben, zum anderen, dass das oberste Management mit dem Thema selbst nicht viel anzufangen weiß, die finanziellen Auswirkungen von Aufwand und Ertrag solcher Maßnahmen nicht spezifizieren kann und sie deshalb sehr weit unten auf die Agenda setzt.

Oft ist das Thema im Bereich Personal angesiedelt. Anknüpfungspunkte gibt es bei Aktivitäten wie Schulungen, Weiterbildungsmaßnahmen und Coaching. Weiterhin spielt das Thema Wertorientierung auch eine Rolle bei der Einstellung und Auswahl von Mitarbeitern.

Wertorientierungen spielen auch eine bedeutende Rolle im Kommunikationsbereich. Hier wird entschieden, wie sich das Unternehmen zu diesem Thema äußert und durch welche Kanäle (Internetseite, Broschüre, Geschäftsbericht, Veranstaltungen).

In manchen Firmen ist das Thema Wertorientierung im Investor-Relations-Bereich angesiedelt. Grund dafür ist, dass es in den Unternehmen als gesondertes Thema betreut wird und die Unternehmensleitung sich somit entschieden hat, es im Rahmen der jährlichen Berichterstattung (im Geschäftsbericht) mit einzubinden.

Manchmal findet man das Thema auch im Risiko-Management-Bereich. Dort kann es fest angesiedelt sein, oder es besteht eine Schnittstelle zu diesem Bereich. Wertorientierungen haben durchaus viel mit dem Thema Risiko zu tun. Bietet das Unternehmen zum Beispiel keine angemessene Plattform für die Diskussion des Themas, trägt es auch die Verantwortung für Missstände. »Fehlende« oder »falsche« Wertorientierungen bedeuten immer ein großes Risiko für ein Unternehmen.

Aus einem ähnlichen Grund ist die Thematik auch in der Internen Revisionsabteilung zu finden. Diese ist für interne Untersuchungen und Prüfungen zuständig und trägt somit auch die Verantwortung, als so genannte »Werteprüfer« zu agieren. Es gibt Unternehmen, die in allen Ländern, in der die Firmen ansässig sind, eine Werteprüfung durchführen und diese mit einer Note versehen. Es wird dabei geprüft, inwieweit die Unternehmenswerte bekannt sind und wieweit sie auch umgesetzt beziehungsweise gelebt werden. So hat beispielsweise das Interne Revisions-Team von Unilever sich selbst ein Werteset gegeben, das im gesamten Unternehmen vermarktet wird und zusätzlich im Rahmen der Revisionsaufgabe den Wissensstatus und die Einhaltung dieser Werte überprüft. Besonders interessant ist dies in anderen Ländern, wo viele Widerstände auf die Personen zukommen, die die Werteorientierungen umsetzen müssen. Neben sprachlichen und gesetzgeberischen Unterschieden sind die kulturellen Differenzen eine besondere Herausforderung.

Da die Einbeziehung von Werten meist in kritischen Phasen des Unternehmens geschieht, zum Beispiel bei der Gründung des Unternehmens, bei einer Akquisition, bei einem Merger, sind Wertorientierungen häufig im Bereich der Unternehmensentwicklung angesiedelt. Hierbei wird entweder darauf geachtet, dass das gewählte Werteset beibehalten oder dass es bewusst nach externen oder internen Entwicklungen aktualisiert und gegebenenfalls auch geändert wird.

Das Thema Werte kann auch im Bereich Finanzen angesiedelt sein. Dann handelt es sich jedoch meist um quantifizierte Werte.

In manchen Fällen nimmt sich der Vorstand und Aufsichtsrat selbst dieses Themas an. Es wird dann als internes Change-Management-Tool genutzt oder als externes positives Pressethema. Bei Letzterem ist darauf zu achten, dass die öffentliche Äußerung zu dem Thema nicht gegen den jeweiligen Manager oder das Unternehmen eingesetzt werden kann. Für den Fall, dass ein Manager oder ein Unternehmen negative Schlagzeilen macht, wird dies gerne von den Medien zur Diskreditierung des Unternehmens genutzt.

Das Thema der Wertorientierung von Unternehmen zeigt auch manche Verknüpfung zum Thema der Unternehmensstrategie.

Aus dieser Sicht werden Werte primär als ökonomische »Wertetreiber« des Unternehmens gesehen und in diesem Zusammenhang als Kennzahlen identifiziert, die das Unternehmen voranbringen und steuern sollen. Besonders in den Fällen, in denen die Geschäftsführung selbst eine wertbasierte Identität des Unternehmens definiert, formulieren die in diesem Zusammenhang gewählten Werte ein Programm oder zumindest die Absicht der Geschäftsführung, dem Unternehmen eine Richtungsorientierung zu geben. Wenn das Wertthema in den Planungsbereich der strategischen Unternehmensführung fällt, müssen die vom Unternehmen gewählten Ziel- und Wertorientierungen zugleich praktisch umgesetzt und den Führungskräften des Unternehmens anhand eines verbindlichen Leitfadens vermittelt werden.

Abschließend soll gefragt werden: In welchem Unternehmensbereich sollte das Thema der Wertorientierungen von Unternehmen optimalerweise Berücksichtigung finden?

Es ist nicht leicht, eine abschließende Antwort auf diese so gestellte Frage zu finden. Sicher kann es keine Antwort geben, die für alle Unternehmen in gleicher Weise gilt. Aufgrund der zentralen Bedeutung des Themas sollte sich in jedem Fall die Leitung des Unternehmens, also der Vorstand, hiermit intensiv beschäftigen. Je

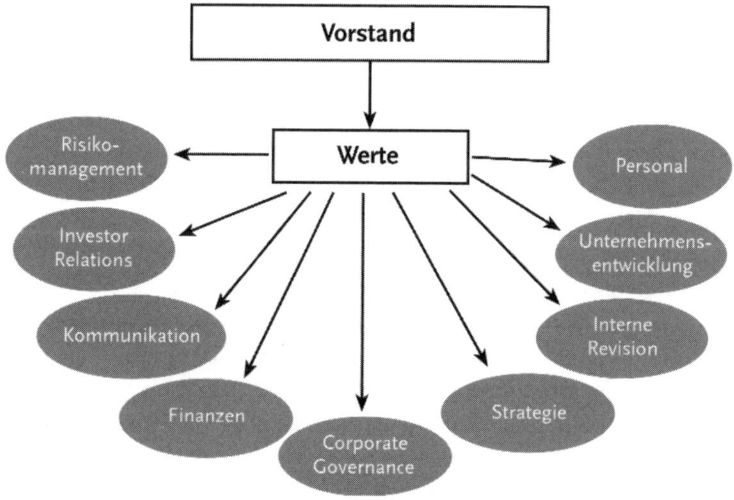

Abb. 3 Verwirklichung der Wertorientierung im Unternehmen

nach Art des Unternehmens bestehen darüber hinaus vielfältige Schnittstellen zu nahezu allen oben erwähnten Unternehmensbereichen. Daher kann sinnvollerweise gefordert werden, dass im Anschluss an eine Definition der Ziele und der wertbasierten Identität des Unternehmens durch die Unternehmensleitung alle Bereiche auf mögliche Schnittstellen überprüft werden und gegebenenfalls weitere verbindliche Festlegungen erfolgen. Dieses Verfahren ist geeignet, eine erfolgreiche und eine alle in Frage kommenden Bereiche betreffende Verwirklichung der Wertorientierung im Unternehmen sicherzustellen.

Personalmanagement

Sabine Prößl

Werte können nur dann einen Beitrag zu einer gemeinsamen Unternehmenskultur und damit zum Erfolg des Unternehmens leisten, wenn sie tatsächlich auch gelebt werden – und zwar von allen Mitarbeitern unabhängig von der Hierarchiestufe.

In der Praxis stellt sich häufig die Problematik, dass Werte von der Unternehmensführung zwar definiert und veröffentlicht werden, die Hochglanzbroschüren aber anschließend in den Schreibtischschubladen der Mitarbeiter »verstauben«. Der Wertekatalog bringt in diesen Fällen allenfalls noch insofern einen Nutzen für das Unternehmen, als ein Papier »im Schaufenster« vorhanden ist, das bei Bedarf Kunden, Investoren und anderen Interessenten vorgelegt werden kann. Das eigentliche Potenzial eines Wertekatalogs, der im Unternehmensalltag etabliert ist, wird dadurch aber nicht gehoben.

Folglich muss mit allen zur Verfügung stehenden Mitteln daran gearbeitet werden, das tägliche »Leben« der Unternehmenswerte zur Selbstverständlichkeit für alle Mitarbeiter zu machen. Dies ist ein mühevoller Weg, den zu gehen es sich aber lohnt. Im Folgenden wird der Versuch unternommen, Wege aufzuzeigen, wie der Personalbereich hierzu einen wertvollen Beitrag leisten kann.

Führung und Mitarbeitermotivation

Akzeptanz und Bewusstsein des einzelnen Mitarbeiters für die Werte des Unternehmens sind naturgemäß nur dann gegeben, wenn diese Werte von den Führungskräften vorgelebt werden. Entscheidende Bedeutung bei der Einführung des innerbetrieblichen Wertekodex kommt der Unternehmensleitung zu. Mit anderen Worten: Der Chef muss mit gutem Beispiel vorangehen – dies motiviert die Mitarbeiter. Diese Vorbildfunktion der Führungskräfte erstreckt sich kaskadenartig von Führungsebene zu Führungsebene. Nur dort, wo der direkte Chef und auch die Unternehmensleitung ein gutes Beispiel geben, sind die Mitarbeiter bereit, Unternehmenswerte in ihrer täglichen Arbeit nach innen und außen zu vertreten.

Dennoch wird dieser Teil der Führungsaufgaben traditionell im laufenden Tagesgeschäft vernachlässigt. Ein Grund hierfür ist, dass gerade in Deutschland immer noch Fachkarrieren die Regel sind, im Zuge derer der Fachspezialist nach entsprechender Berufserfahrung weitere Sprossen der Karriereleiter erklimmt und Führungsaufgaben übertragen bekommt. Wie es um die tatsächlichen Führungsqualitäten des Fachspezialisten bestellt ist, spielt oft nur eine untergeordnete Rolle. Infolgedessen passiert es nach wie vor, dass Mitarbeiter ohne oder mit noch wenig ausgeprägten Führungsqualitäten mit Führungsaufgaben betraut werden, aufgrund mangelnder Erfahrung aber (noch) nicht in der Lage sind, diese umfassend wahrzunehmen.

Gute Führungs- und Managementqualitäten sollten im Gegensatz dazu eine Grundvoraussetzung bei der Auswahl von Führungskräften sein. Der Personalbereich ist gefordert, neben den üblichen Führungskarrieren auch unkonventionelle Karrierewege aufzuzeigen und die Voraussetzungen hierfür zu schaffen.

Welchen Beitrag kann der Personalbereich in diesem Zusammenhang leisten?

Um wirklich überzeugende Führungspersönlichkeiten zu gewinnen und daneben auch für reine Fachspezialisten interessant zu sein, ist ein Unternehmen gut beraten, neben den Führungskarrieren auch Spezialistenkarrieren ohne Führungsaufgaben anzubieten. Es kann nicht sinnvoll sein, dass sich die Bedeutung einer Position hauptsächlich nach der Anzahl der geführten Mitarbeiter definiert. Ein denkbarer Weg ist es, neben den Führungsebenen Verantwortungsebenen zu definieren, mittels derer auch Fachspezialisten ohne direkte Führungsaufgabe einen entsprechend hohen Stellenwert erhalten. Hierfür werden alle Stellen im Unternehmen einer Bewertung unterzogen und in Verantwortungsebenen eingeteilt, die nicht zuletzt für die Vergütung maßgeblich sind. Fachspezialisten können auf diese Art und Weise durchaus einen »höheren Rang« haben als Führungskräfte.

Zudem sollte der Personalbereich darauf hinwirken, Führungsqualitäten zu verbessern und diese in gewissem Maße auch zu messen. Ein mögliches Instrument hierfür ist das Vorgesetzten-Feedback. Die Beurteilung von unten nach oben ist ein personalpolitisches Instrument für die Führungskraft selbst und gegebenenfalls auch für die Unternehmensleitung, um Informationen darüber zu erhalten, ob Werte, die für eine gute Mitarbeiterführung wichtig sind, im täglichen Umgang zwischen Führungskraft und Mitarbeiter auch gelebt werden. Die Rückmeldung der Mitarbeiter an ihren Vorgesetzten sollte zu konkreten Vereinbarungen im Team führen, das heißt, es sind Verbesserungsmaßnahmen zu verabreden. Erfahrungen aus der Praxis zeigen, dass die Führungskultur im Unternehmen durch das Vorgesetzten-Feedback erheblich verbessert wird.

Die vorgenannten personalpolitischen Instrumente werden vom Personalbereich entwickelt, eingeführt und deren Anwendung überwacht. Wichtig ist, dass diese nicht dogmatisch umgesetzt, sondern bei Bedarf Anpassungen aus praktischen Erfahrungen vorgenommen werden.

Personalmanagement

Wie passen Werte und Personalmanagement zusammen?

Auf den ersten Blick hat es den Anschein, dass Werte und Personalarbeit in untrennbarem Zusammenhang stehen. Dies trifft für viele Facetten der Personalarbeit auch zu, beispielsweise für das Bewerbermanagement, die Einstellung von Mitarbeitern, die Personalbetreuung, Personalentwicklung sowie die Qualifizierung und Nachwuchssicherung. Da es in der täglichen Personalarbeit hauptsächlich um vertrauliche und personenbezogene Daten geht, haben die Werte Vertrauen, Verantwortung (gegenüber den Mitarbeitern), Glaubwürdigkeit, Respekt (in jeder Phase der beruflichen Laufbahn der Mitarbeiter), Kommunikation, Zuverlässigkeit und Fairness eine besondere Bedeutung.

In anderen Bereichen scheinen Personalarbeit und Werte nicht recht zusammenzupassen, beispielsweise wenn es um Personalabbau geht. Die hier naturgemäß auftretenden Härten machen es umso wichtiger, auch unter diesen Umständen Werte zu leben, zumindest Fairness und Offenheit im Rahmen der zur Verfügung stehenden Rahmenbedingungen zu praktizieren. Hierdurch bleibt immerhin die Glaubwürdigkeit der Führung erhalten.

Grundsätzlich kann Personalentwicklung einen wertvollen Beitrag dazu leisten, dass die Loyalität der Mitarbeiter zum Unternehmen verstärkt wird. Wenn ein Mitarbeiter das Gefühl hat, dass das Unternehmen in seine persönliche Entwicklung investiert, wird er eher dazu bereit sein, »in guten wie in schlechten Zeiten« seinen Beitrag zum Unternehmenserfolg zu leisten.

Welche weiteren Möglichkeiten gibt es, Werte durch aktives Personalmanagement im Unternehmen zu etablieren?

Wie bereits ausgeführt, kommt es entscheidend darauf an, das Thema Werte im Unternehmen nicht als »Eintagsfliege« zu behandeln, sondern dem Bewusstsein hierfür nachhaltig Gewicht zu verleihen. Dabei ist darauf zu achten, dass der Wertekatalog zum Gesamtbild des Unternehmens, zum Unternehmensleitbild und den Führungsleitsätzen passt.

Einen weiteren Beitrag zur Umsetzung von Werten kann die Einführung eines Beurteilungssystems liefern. Denn in den meisten Mitarbeiter-Beurteilungssystemen werden unter anderem »Soft Facts« wie Kooperations- und Teamfähigkeit, Kommunikationsfähigkeit, Kunden- und Serviceorientierung oder dergleichen bewertet. Diese Punkte lassen sich nicht in Zahlen messen, dennoch werden die Führungskräfte ihre Mitarbeiter mit dem Anforderungsprofil der Stelle vergleichen und so versuchen, zu einer möglichst objektiven Einschätzung zu kommen. Dies fördert das »Leben« der Werte im Unternehmen, da Mitarbeiter und Führungskräfte für diese Themen sensibilisiert werden.

Um Mitarbeiter zu motivieren und eine positive Leistungskultur zu schaffen, bedarf es zudem erfolgsabhängiger Vergütungsmodelle auf allen Ebenen sowie klarer Zielvereinbarungen. Die Einführung eines Zielvereinbarungssystems mit direktem Einfluss auf die variable Vergütung, das auch »weiche Ziele« berücksichtigt, hilft zudem, Akzeptanz für Werte und das Bewusstsein zu fördern, auch hieran gemessen zu werden. Ziele können beispielsweise nicht nur für Vertriebszahlen, sondern auch für »weiche« Themen vereinbart werden, zum Beispiel bei Führungskräften hinsichtlich der Förderung der Weiterentwicklung ihrer Mitarbeiter.

Zusätzlich sollte eine Kommunikations- und Austauschplattform geschaffen werden, im Rahmen derer sich Führungskräfte untereinander zu den Unternehmenswerten austauschen können. Regelmäßige Treffen, die Werte im Fokus haben – auch unter Einbezug der Unternehmensleitung –, sind ein idealer Anstoß, damit diese Themen in den Wirren des Tagesgeschäfts nicht vollständig in Vergessenheit geraten.

Diversity Management

Nicht zuletzt beim Thema Diversity Management spielen Werte eine wichtige Rolle. Durch die Einführung des Antidiskriminierungsgesetzes würde Diverstity Management einen deutlich höheren Stellenwert erhalten. Vorgestelltes Ziel des Antidiskriminierungsgesetzes ist es, Benachteiligungen wegen der Rasse/ethnischen Herkunft, des Geschlechts, der Religion/Weltanschauung, einer Behinderung, des Alters oder der sexuellen Identität zu verhindern oder zu beseitigen. Der Arbeitgeber wäre verpflichtet, den Geschäftsbetrieb diskriminierungsfrei zu organisieren. Dies brächte erhebliche Auswirkungen für die tägliche Personalarbeit mit sich.

Diversity Management sollte sich aber nicht nur auf das Erfüllen der gesetzlichen Anforderungen beschränken. Denn aktives Diversity Management kann auf eigene Weise einen Beitrag dazu leisten, Werte im Unternehmen umzusetzen. Der Austausch mit Mitarbeitern aus anderen Ländern – insbesondere bei Nachwuchskräften – trägt zu einer offenen und toleranten Unternehmenskultur entscheidend bei. Der Kulturaustausch kann durch entsprechende

Programme des Personalbereichs, zum Beispiel durch Berücksichtigung bei Trainee-Stationen, erheblich gefördert werden.

Impulse zur Etablierung von Unternehmenswerten durch Diversity Management kann selbstverständlich auch das aktive Anbieten von Teilzeitstellen geben. Hierdurch wird es Frauen und Männern mit Familie erleichtert, wieder am Berufsleben teilzunehmen.

Die Benefits einer gelebten Diversity liegen auf der Hand: Das Verständnis der Mitarbeiter untereinander und der verschiedenen Bereiche des Unternehmens wird gefördert. Dadurch kann das oftmals so schwierige Schnittstellenmanagement im Unternehmen verbessert werden, die Toleranz führt zu einem offeneren und weniger »bürokratischen« Umgang miteinander.

Persönliche Entwicklung

Gilian Karren-Cumberlege

Personalentscheidungen haben eine große Relevanz für ein Unternehmen und den Kapitalmarkt. Dies lässt sich für die Volkswagen AG anhand eines positiven wie auch negativen Beispiels verdeutlichen. Positiv reagierte der Kapitalmarkt auf die Nachricht, dass Dr. Bernhard Vorstandsmitglied der Volkswagen AG wird. Negativ aufgenommen wurde hingegen das Ergebnis der Tarifrunde, das unter anderem die Bekenntnis des Konzerns zu seinen Standorten in Deutschland beinhaltete. Das aus der Sicht des Unternehmens durchweg positive Ergebnis wurde vom Kapitalmarkt mit einem Kursabfall von 3 Prozent quittiert. Doch gerade dieser Wert – das Bekenntnis des Konzerns zu seinen Mitarbeitern und seinen Standorten – wird besonders von angelsächsischen Investoren kritisiert. Sie würden es eher begrüßen, wenn man für das Wohl und die Zukunft des Unternehmens Arbeitsplätze in Deutschland reduzierte.

Die persönliche Entwicklung der Mitarbeiter stellt in einem Konzern eine der verantwortungsvollsten Aufgaben des Personalmanagements dar. Der Volkswagen-Konzern setzt in seiner Personalpolitik unter anderem auf Top Performance, Erneuerungsfähigkeit sowie Verantwortung. Diese drei Werte sind zentral für die persönliche Entwicklung und sind auch Bestandteil der von Volkswagen aufgesetzten Konzernleitlinien.

Der Volkswagen AG ist es gelungen, für die persönliche Entwicklung seiner Mitarbeiter vielfältige Rahmenbedingungen zu schaffen. Diese Rahmenbedingungen unterstreichen zunehmend Flexibilität, was sich auch in der Erweiterung der Arbeitszeitkonten im neuen Tarifvertrag widerspiegelt. Als Schlagwörter seien hier genannt: »demographische Arbeitszeit« sowie »Altersteilzeit«. Des Weiteren wurde erkannt, dass ein Unternehmen innovativen und wirtschaftlichen Erfolg nur dann erzielen kann, wenn man nachhaltig in den Entwicklungsprozess der Mitarbeiter investiert. Volkswagen sieht in Mitarbeitern den »Main Asset« – dies wird insbesondere deutlich, wenn man die vielfältigen Beschäftigungsmodelle des Konzerns betrachtet, wie »Atmende Fabrik«, »Auto 5000x5000« und »AutoVision«. Abgesehen von weit greifenden Beschäftigungsmodellen, arbeitet der Konzern ständig daran, seine Mitarbeiter weiterzuentwickeln und zu fördern. Als Beispiele seien hier die »AutoUni« sowie diverse Management Programme erwähnt. Aus der eigenen Erfahrung kann jedem Unternehmen nur dazu geraten werden, für seine Mitarbeiter in die Bereiche Coaching/Personal Coaching und Health Care Programme zu investieren.

Ziel muss es sein, die Mitarbeiter in ihren Stärken zu fördern und aufzubauen. Es ist immer intelligenter, Stärken zu stärken als Schwächen zu schwächen. Dies stellt gewisse Anforderungen an den Manager und auch an die Mitarbeiter. Es sollte stets von beiden Seiten die Bereitschaft bestehen, auch Risiken einzugehen. Hier gibt es eine große Diskrepanz zwischen der deutschen und der angelsächsischen Auffassung. In angelsächsischen Ländern lässt sich beobachten, dass hier Risiken eingegangen und aus Niederlagen neue Möglichkeiten geschöpft werden. In Deutschland hingegen fehlt es häufig an Mut, Risiken einzugehen, und Niederlagen werden als etwas Negatives angesehen, anstatt sie als Möglichkeit der persönlichen Weiterentwicklung zu betrachten. Ebenso lässt sich beobachten, dass in Deutschland nur selten offen Ehrgeiz gezeigt wird, denn Ehrgeiz ist hier – im Gegensatz zu angelsächsischen Ländern – oft mit einer negativen Bedeutung behaftet. Anhand eines Vergleichs zwischen deutscher und angelsächsischer Arbeitsweise lässt sich das angesprochene Thema Ehrgeiz – etwas überzogen – darstellen: Als Trainee in Deutschland kommt man in seiner Karriere voran, wenn man sich ruhig verhält, keine Fehler und stets einen guten Job macht. Im angelsächsischen Raum kommt man nur voran, wenn man in jedem Meeting etwas sagt und sich präsentiert, auch wenn man nicht unbedingt etwas zu sagen hat. Sicherlich ist auch zu viel Ehrgeiz und Streben nicht immer angebracht und gesund, was gerade in der Vergangenheit das Beispiel Enron verdeutlichte.

Doch eine angemessene Balance ist hilfreich. Somit ist ein Umdenken in dieser Beziehung und die Akzeptanz hierfür in Deutschland angebracht und sehr wichtig. Denn sowohl Ehrgeiz als auch Mut zum Risiko sind die Faktoren, die Top Performance bringen.

Diversity in der Praxis

Barbara David

»Veränderungen des Familienstandes eines Angestellten sind der Personalabteilung zu melden. Im Falle einer Scheidung ist das Scheidungsurteil mit Gründen zu den Personalakten zu nehmen. Bei einer weiblichen Angestellten, die sich verheiratet, ist das Dienstverhältnis im Allgemeinen zu lösen.« (Richtlinien für den Betrieb in den Geschäftsstellen der Commerzbank AG, 1939)

Was heute eher skurril wirkt und uns zum Schmunzeln bringt, war 1939 Realität. Personalarbeit war zu dieser Zeit nicht nur in der Commerzbank durch Administration geprägt, das massive Einflussnehmen auf die Privatsphäre galt als Fürsorgepflicht. Viele Einstellungen den Mitarbeiterinnen und Mitarbeitern gegenüber haben sich in den letzten Jahrzehnten grundlegend geändert. Die Berufstätigkeit von Frauen, neue Rollenbilder bei Frauen und Männern und der zunehmende Pluralismus in unserer Gesellschaft haben einen Großteil dazu beigetragen.

Der gesellschaftliche Wandel prägt die Personalarbeit

Noch in den sechziger Jahren galt es in vielen Familien als Zeichen des Wohlstands, wenn eine Frau nach der Heirat nicht berufstätig sein musste. Diese Arbeitsaufteilung und ein entsprechendes Rollenverständnis änderten sich mit dem Wandel der Bildungspolitik in Deutschland.

Heute ist es für die meisten Mädchen und Frauen selbstverständlich, einen Beruf zu erlernen. Vielen Frauen geht es um ökonomische Unabhängigkeit und eine zur Ausbildung adäquate berufliche Entwicklung. Eine wichtige Rolle spielen in diesem Zusammenhang Biografieoptionen, das heißt, die Wahlmöglichkeit zwischen Familie oder Beruf beziehungsweise Familie und Beruf. Auch auf Seiten der Männer ist ein vorsichtiges Herantasten an ein neues Rollenverständnis zu bemerken. Seit Jahren nun diskutiert, bei weitem aber noch nicht etabliert, ist der Wunsch einiger Väter, sich mehr in der Familie engagieren zu können beziehungsweise eine ausgewogenere Balance von Beruf und Privatleben zu realisieren.

Unsere Gesellschaft erfährt eine immer stärkere Individualisierung. Viele Menschen bevorzugen einen Lebensentwurf, der von Neigungen und Fähigkeiten und weniger von Konventionen geprägt ist. Entwicklungen wie die Globalisierung und eine Medienlandschaft, die schnell und aktuell über neueste Geschehnisse und Trends auf der ganzen Welt berichtet, führen zu mehr Pluralismus. Der damit einhergehende Paradigmenwechsel hat die Personalarbeit beeinflusst.

Personalarbeit wurde bis in die sechziger Jahre als eine mehr oder weniger administrative Tätigkeit verstanden. Etwas überspitzt: Das pünktliche Überweisen der Gehälter und eine sorgfältige Verwahrung der Personalakten standen im Vordergrund. Das änderte sich mit dem Arbeitskräftemangel der sechziger Jahre. Für die Commerzbank hatte dies hauptsächlich zwei Folgen: Das Potenzial der Frauen wurde »entdeckt«, und die Anforderungen an Banker gestalteten sich differenzierter. Der »Bankbeamte« hinter einem mächtigen Tresen, der auf Kunden wartete, wich sukzessive einem partnerschaftlich denkenden und dialogorientierten Banker, der aktiv auf seine Kundinnen und Kunden zuging.

Schritt für Schritt entstand eine Personalarbeit, die Mitarbeiter/innen aktiv wahrnahm und zielgruppenorientiert betreute. Personalmarketing etablierte sich und damit eine strategisch verankerte Rekrutierung sowie die kontinuierliche Pflege eines positiven Arbeitgeberimages. Mitarbeiterzielgruppen wurden benannt. Führungskräfte oder Nachwuchskräfte – um zwei Beispiele zu nennen – erhielten Angebote, die auf ihre Bedürfnisse zugeschnitten waren.

Eine Mitarbeiterbefragung der Commerzbank brachte es 1987 deutlich ans Licht: Viele Mitarbeiterinnen – und das sind zu diesem Zeitpunkt schon knapp 50 Prozent der Belegschaft – fühlten sich nicht an allen Entwicklungsmöglichkeiten beteiligt. In diesem Zusammenhang wurde die Notwendigkeit gesehen, auch für diese Mitarbeiterzielgruppe Rahmenbedingungen zu schaffen, die ihnen produktives Arbeiten ermöglichen. 1989 wurde das Projekt »Frauen im modernen Banking« gestartet.

Von den ›Frauen im modernen Banking‹ hin zu ›consens‹

Als Konsequenz der Mitarbeiterbefragung nahm ein Projektteam, zusammengesetzt aus Kolleginnen und Kollegen des Personalbereichs, die Arbeit zum Thema Chancengleichheit auf und initiierte erste Aktivitäten und Programme. Als Haupthindernis wurde die meist schwierige Vereinbarkeit von Familie und Beruf gesehen. So enstand eine Reihe von Maßnahmen zu Wiedereingliederung und Kinderbetreuung. Auf diesem Weg gelang es, gut (und aufwändig) ausgebildete Mitarbeiter/innen über die Familienphase an die Bank zu binden und das Know-how nicht zu verlieren (siehe auch Abschnitt »Familie und Beruf«).

Anfang und Mitte der neunziger Jahre wurden zwei bundesweite, Commerzbank-interne Symposien veranstaltet. Sie zeigten, dass die Vereinbarkeit von Familie und Beruf nur einer der Bereiche war, der den Prozess hin zu mehr Chancengleichheit unterstützt. Auf Seiten der Mitarbeiterinnen bestand das Bedürfnis nach Angeboten, die speziell für sie konzipiert sind. Dies wurde aus personalpolitischer Sicht unterstützt, zum einen, um das Potenzial der Mitarbeiterinnen breiter zu nutzen, zum anderen, um Leistungsbereitschaft und Motivation zu fördern. Es entstanden Seminarzyklen für Mitarbeiterinnen, Mentoringprogramme und ein internes Frauennetzwerk (siehe auch Abschnitt »Frauen in der Commerzbank«). Ziel waren mehr Frauen in gehobenen Fach- und Führungspositionen.

In den folgenden Jahren kristallisierte sich immer stärker heraus, dass sich auch Männer mit den angesprochenen Themen auseinander setzen – und sich ihnen vorsichtig nähern. Die Kommunikation über die Projektbezeichnung »Frauen im modernen Banking« wurde dieser Situation nicht mehr gerecht und das Projekt wurde in »consens« umbenannt. »Consens« sollte zum Ausdruck bringen, dass es sich um einen Prozess handelt, in dem beide Seiten nach einer Lösung suchen, der sie zustimmen können. Beide Seiten, das sind Männer und Frauen, die im Beruf fair miteinander umgehen, das sind auch Väter und Mütter, die in der Familienphase nach einer für beide Seiten akzeptablen Lösung suchen. Und das sind Arbeitnehmer/innen und Bank, die partnerschaftlich zusammenarbeiten, um im immer härteren Wettbewerb erfolgreich als Unternehmen bestehen zu können.

In diesem Zusammenhang ist in der Commerzbank ein Bausteinsystem entstanden, das einzelnen Mitarbeitergruppen Unterstützung anbietet. Zunächst wurden eine Reihe von Maßnahmen für Eltern entwickelt.

Familie und Beruf

Gut 7 Prozent der Mitarbeiter/innen der Commerzbank befinden sich in der Familienphase. Viele Menschen gründen heute erst zwischen dem 30. und 40. Lebensjahr eine Familie. Das heißt, es handelt sich nicht nur um gut ausgebildete Mitarbeiter/innen, die die Elternzeit nutzen, sondern auch um Mitarbeiter/innen mit breitem Erfahrungswissen. Aus diesen Gründen bietet die Commerzbank verschiedene Bausteine an, die bei der Vereinbarkeit von Familie und Beruf unterstützen:

- Maßnahmen zur Wiedereingliederung,
- flexible Arbeitszeitmodelle und Telearbeit,
- betrieblich geförderte Kinderbetreuung.

Wiedereingliederung: Erste Schritte

Als erste deutsche Großbank schloss die Commerzbank 1990 ein Programm zur Wiedereingliederung nach dem Elternurlaub ab. Um auch nach der Verlängerung des gesetzlichen Erziehungsurlaubs auf drei Jahre ein attraktives Programm anbieten zu können, wurde im März 1992 eine zweite Betriebsvereinbarung, das so genannte »Comeback-Programm« abgeschlossen. Zielgruppe sind alle Mitarbeiterinnen und Mitarbeiter, die nach der Familienphase wieder in die Bank zurückkehren möchten.

Das Programm umfasste eine Freistellung von einem Jahr über den gesetzlichen Erziehungsurlaub hinaus, die bis zum achten Geburtstag des Kindes galt. Dieses Freistellungsjahr konnte in zwei Abschnitten genutzt werden, beispielsweise bei Eintritt in den Kindergarten oder in die Schule. Alternativ war eine Teilzeitbeschäftigung in dieser Zeit möglich. Die Teilnehmer/innen erhielten die banküblichen Zusatzleistungen. Es wurden Urlaubs- und Krankenvertretungen vereinbart.

Im Rahmen des »alten« Comeback-Programms kamen einige Mitarbeiter/innen relativ schnell wieder in die Bank zurück. Andere Teilnehmer/ innen nutzten den gesamten Erziehungsurlaub, vor allem, wenn ein zweites Kind folgte. Vor diesem Hintergrund wurde in den letzten Jahren deutlich, dass es in der Familienphase unterschiedliche Bedürfnisse, damit verbunden aber auch unterschiedliche Chancen bei der Wiedereingliederung gibt.

Zu Beginn der neunziger Jahre wurde Wiedereingliederung noch als ein Prozess begriffen, der sich auch problemlos über mehrere Jahre erstrecken konnte. Heute ist klar, dass aufgrund der engen Arbeitsmarktlage, der Umstrukturierungsmaßnahmen sowie der schnell aufeinander folgenden Veränderungen in vielen Aufgabenfeldern längere Abwesenheitsphasen die berufliche Entwicklung beeinträchtigen. Eine hohe Flexibilität ist mittlerweile in allen Bereichen des Bankgeschäfts erforderlich – und das gilt auch für Eltern in der Familienphase.

Comeback Plus

Zum 1. Januar 2001 trat die vierte Fassung einer Betriebsvereinbarung in Kraft, mit der die Commerzbank den Erfahrungen der letzten Jahre Rechnung tragen möchte.

Für viele Mitarbeiter/innen in der Familienphase steht die Wiedereingliederung nicht im Vordergrund. Sie wollen sich zunächst uneingeschränkt der Familie widmen und planen eine Rückkehr erst dann, wenn die Kinder älter sind – auch wenn dies später mit einem schwierigeren Einstieg verbunden ist. Berufliche Wiedereingliederungsangebote werden von dieser Mitarbeitergruppe nur in geringem Umfang genutzt, es besteht jedoch ein Bedürfnis nach sozialer Absicherung während dieser Zeit.

Deshalb erhalten alle Mitarbeiter/innen, die Elternzeit in Anspruch nehmen, Leistungen wie Mitarbeiterkonditionen oder Belegschaftsaktien. Darüber hinaus übernimmt die Commerzbank in einem Zeitrahmen von maximal dreieinhalb Jahren für alle Mitarbeiter/innen in der Familienphase auf der niedrigsten Beitragsstufe sowohl den Arbeitgeber- wie auch den Arbeitnehmeranteil einer im Bankbereich üblichen Altersversorgung. Damit werden Maßnahmen zur Wiedereingliederung vom Wunsch nach sozialer Absicherung entkoppelt.

Für die Eltern, die Familie und Beruf früh miteinander verbinden wollten, stellte die Commerzbank bis Januar 2001 ein spezielles Programm zur Verfügung, mit dem Ziel einer raschen Wiedereingliederung. Diese Regelungen wurden dem neuen Bundeserziehungsgeldgesetz angepasst.

Alle Eltern erhalten in der Familienphase Informationen über das aktuelle Geschehen in der Bank. Die Informationsschrift *Comeback-Info* erscheint seit gut 14 Jahren regelmäßig alle zwei Monate und berichtet über neue Entwicklungen in der Commerzbank, geschäftliche Schwerpunkte, neue Produkte und veränderte Organisationsstrukturen.

Flexible Arbeitszeiten und Arbeitsorte

Die Vereinbarkeit von Familie und Beruf ist eng mit flexiblen Arbeitszeiten und vor allem mit Teilzeit verbunden. 19 Prozent aller Commerzbanker/innen arbeiten mit reduzierter Arbeitszeit. Mit dem Ziel, das Angebot an Teilzeitarbeitsplätzen in allen Bereichen zu verbessern, wurde 1993 eine Betriebsvereinbarung »Teilzeit« abgeschlossen. Das bedeutet in der Praxis, dass Wünsche nach Teilzeitarbeit intensiv geprüft und – wo immer möglich – realisiert werden. Familie und Beruf, aber auch andere persönliche Pflichten und Vorhaben, können auf diesem Weg besser mit dem Beruf unter einen Hut gebracht werden. Inzwischen wurden auch hier gesetzliche Regelungen eingeführt.

Die Commerzbank etablierte mittlerweile mehrere Teilzeitvarianten. Jobsharing ist eine davon und wird immer häufiger genutzt. Die verschiedenen Teilzeitmodelle lassen unterschiedliche Arbeitsrhythmen zu, und auch bezogen auf den Umfang ist von der klassischen Halbtagsstelle bis zu Teilzeit »light« (Reduzierung um einen Tag) vieles möglich.

Einige Eltern, aber auch Mitarbeiter/innen ohne Kinder, möchten einen Teil der Arbeit zu Hause erledigen. Neben einer freieren Zeiteinteilung spielen geringere Fahrtkosten eine wichtige Rolle. In einem Pilotprojekt wurde getestet, ob sich diese Arbeitsform technisch und organisatorisch in der Commerzbank umsetzen lässt. Das Testspektrum reichte von Projektarbeiten, Programmieren, Übersetzungen bis hin zu Aufgaben im Filialbereich wie Wertpapier- und Kreditberatung. Die Aufgaben werden teilweise zu Hause und am betrieblichen Arbeitsplatz erledigt. Nach dem erfolgreichen Ende des Pilotprojekts wurde eine Betriebsvereinbarung abgeschlossen. Telearbeit wird in der Bank häufig mit Desksharing kombiniert, das heißt, mehrere Mitarbeiter/innen, die zu Hause arbeiten, teilen sich im Büro einen Arbeitsplatz.

Betrieblich geförderte Kinderbetreuung

Damit möglichst viele Mitarbeiter/innen Hilfe bei der Kinderbetreuung erhalten, wurde eine Betriebsvereinbarung mit verschiedenen Angeboten abgeschlossen. Grundlage ist ein Budget, das den übergeordneten Filialen seit 1995 zur Verfügung gestellt wird. Finanziert werden daraus:

- Zuschüsse zu den Betreuungskosten einzelner Mitarbeiter/innen,
- Kooperationen mit dem Familienservice oder ähnlichen Einrichtungen,
- Kids & Co. – Kinderbetreuung in Ausnahmefällen.

Im ersten Jahr der Betriebsvereinbarung starteten viele der übergeordneten Filialen eine Umfrage bei ihren Mitarbeitern und baten um Rückmeldung, wofür das Budget eingesetzt werden solle. Es wurde unterschiedlich, dem regionalen Betreuungsangebot entsprechend, reagiert. In den meisten Filialen entschied man sich für eine Mischform.

Die Mitarbeiter/innen erhalten individuelle Zuschüsse zu ihren Kinderbetreuungskosten. Bevorzugt werden insbesondere Alleinerziehende, die die zum Teil erheblichen Kosten für Tagesmütter oder institutionelle Einrichtungen nur schwer alleine tragen könnten.

Die Commerzbank arbeitet in vielen Städten mit dem Familienservice zusammen. Er wird finanziell von mehreren Unternehmen getragen und vermittelt über pädagogisch ausgebildete Mitarbeiter/innen in erster Linie Tagesmütter, Kinderfrauen, Aupairs oder Plätze in Kinderkrippen, Kindergärten beziehungsweise im Hort. Darüber hinaus werden Hausaufgabenbetreuung oder Ferienspiele organisiert. Eltern werden bei der Gründung einer Elterninitiative beraten, Tagesmütter erhalten eine Ausbildung. Es finden beim Familienservice für interessierte Eltern Vorträge oder Erste-Hilfe-Kurse statt. Die Commerzbank trägt die Kosten für die Beratungsleistungen des Familienservices, die Mitarbeiter/innen kommen für die tatsächlichen Kosten der Betreuung auf.

Die Betriebsvereinbarung Kinderbetreuung greift neben der regelmäßigen Betreuung noch ein weiteres Thema auf: die Pflege erkrankter Kinder. Vor allem Alleinerziehende kennen es: Die Betreuung eines kranken Kindes kommt einem Spagat gleich. Der Gesetzgeber hat deshalb eine gesetzliche Grundlage geschaffen. Um den Mitarbeiterinnen und Mitarbeitern weitergehende Unterstützung anzubieten, wurden in der Commerzbank Regelungen getroffen, die die Pflege erkrankter Kinder weiter vereinfachen.

Eltern können sich unter Anrechnung der gesetzlichen Ansprüche bis zu sechs Monate unbezahlt freistellen lassen. Diese Regelung gilt, solange die Kinder unter zwölf Jahre alt sind – Ausnahmen werden in besonders schweren Fällen gemacht. Zum Ausgleich finanzieller Nachteile bietet die Bank unter bestimmten Voraussetzungen einen Zuschuss an. Diese Regelung gilt auch, wenn der Elternteil, der das Kind hauptsächlich betreut, durch eigene Krankheit verhindert ist.

Kids & Co.

Das jüngste Projekt der Commerzbank im Bereich der betrieblich geförderten Kinderbetreuung heißt »Kids & Co.« Es handelt sich um eine Kinderbetreuungseinrichtung in Frankfurt, die sich auf die spontane und kurzzeitige Betreuung von Mitarbeiterkindern spezialisiert hat.

Träger ist der Familienservice. In speziell dafür eingerichteten Räumen werden Kinder im Alter von sechs Monaten bis zwölf Jahren professionell betreut, wenn beispielsweise die haushaltsführende Person oder die Tagesmutter erkrankt ist, der Kindergarten geschlossen hat oder das Aupair ausfällt, unerwartet berufliche Termine wahrgenommen werden müssen oder zeitlich begrenzte Arbeitseinsätze übernommen werden (zum Beispiel Vertretungseinsätze im Rahmen des Wiedereingliederungsprogramms).

Die Einrichtung wurde vom ersten Tag an sehr gut von den Mitarbeiterinnen und Mitarbeitern angenommen. Gespräche mit den Eltern zeigten, dass dieser Service hilft, Ausfälle zu vermeiden, aber auch die Arbeitsqualität zu verbessern. Die Eltern, die ihre Kinder auch in Ausnahmefällen gut betreut wissen, arbeiten konzentrierter und motivierter.

Mittlerweile hat der Familienservice an weiteren acht Standorten ähnliche Einrichtungen aufgebaut. Die Commerzbank ist dort an Platzkontingenten beteiligt, die der Größe des jeweiligen Standortes entsprechen.

Frauen in der Commerzbank

Seit Ende der achtziger Jahre sind über die Hälfte aller Banker Bankerinnen; der aktuelle Anteil der Mitarbeiterinnen liegt bei 51 Prozent. Unter den Auszubildenden befinden sich über 50 Prozent Frauen, und auch der Anteil weiblicher Hochschultrainees hat sich seit vielen Jahren auf über 40 Prozent eingependelt. Diesen zum Teil hervorragend ausgebildeter Mitarbeiterinnen steht ein Anteil von 21 Prozent Frauen mit Führungsaufgaben auf der dritten, 5,7 Prozent Frauen auf der zweiten und 3 Prozent Frauen auf der ersten Managementebene gegenüber. Im außertariflich bezahlten Bereich beläuft sich der Anteil der Mitarbeiterinnen auf 23 Prozent. Diese Zahlen entwickeln sich zwar sukzessive nach oben, sind aber insgesamt noch unbefriedigend angesichts des hohen Ausbildungsstands der Frauen.

Spezielle Angebote für Mitarbeiterinnen wurden lange kontrovers diskutiert. Auf der einen Seite ist es unumstritten, dass viele Frauen nach wie vor eine andere Sozialisation als Männer erfahren. Strukturen in der Arbeitswelt sind dagegen in der Regel männlich geprägt, weil Unternehmen noch immer selten von Frauen geleitet werden. Seminarangebote oder Mentoringprogramme für Frauen haben zum Ziel, im Sinne von Motivation und Produktivität dieses Spannungsverhältnis für Mitarbeiterinnen deutlich zu machen. Außerdem sollen über eine entsprechende Kommunikation Führungskräfte sensibilisiert werden.

Den Anfang machte ein Seminarangebot der Commerzbank für Mitarbeiterinnen. Durch spezielle Seminare sollte der Anteil von Frauen in gehobenen Fach- und Führungspositionen erhöht werden. Diese richteten sich an:

- Frauen mit erster Projektverantwortung oder Führungserfahrung mit Potenzial für gehobene Fach- und Führungsaufgaben,
- weibliche Nachwuchskräfte mit Potenzial für eine Projektleitungs- oder Führungsfunktion.

Durch das Training sollen die Mitarbeiterinnen ihr Selbstbild und ihr Verhalten reflektieren, ihre Berufs- und Lebensziele konkretisieren und darauf aufbauend erfolgreiche Strategien entwickeln. Auf dem Seminarplan stehen unter anderem Rollenverhalten und Rollenerwartungen, Zielklarheit, Stressbewältigung, Durchsetzungsstrategien, Konkurrenz und Zusammenarbeit, Selbst-PR und Selbstmanagement.

Cross-Mentoring

Gemeinsam mit der Deutschen Bank, Deutschen Lufthansa und Deutschen Telekom startete die Commerzbank im Oktober 1998 das erste Cross-Mentoring-Programm für Frauen in Deutschland. Um mehr Frauen den Weg ins Topmanagement zu ebnen, entschlossen sich die vier Unternehmen, zunächst jeweils drei weibliche Mentees durch erfahrene Topmanager/innen beraten und coachen zu lassen. Mentee und Mentor/in stammten jeweils aus einem anderen Unternehmen.

Frauen bringen seit vielen Jahren gute, zum Teil überdurchschnittlich gute Qualifikationen und reichlich Motivation mit. Dennoch stoßen sie auf dem Weg nach oben bald an die berühmte »gläserne Decke«. Das liegt häufig an Hindernissen, die nichts mit ihrer Qualifikation zu tun haben. Im Rahmen des Cross-Mentoring-Programms haben die Mentees die Möglichkeit, von den Erfahrungen der Mentoren zu profitieren, Probleme der Praxis zu erörtern, die von den Mentoren zur Verfügung gestellten Kontakte zu nutzen und ein eigenes Netzwerk aufzubauen.

Auch die Mentoren ziehen Nutzen aus dem Programm. Sie haben die Gelegenheit, ihren eigenen Arbeitsstil zu überdenken und zu verbessern. Vor allem aber bietet Mentoring die Gelegenheit, die eigene Aufgabe aus einer anderen Perspektive zu betrachten, in diesem Fall aus der Sicht von Frauen und jüngeren Mitarbeiterinnen.

Sowohl die Mentees als auch die Mentoren haben über dieses Programm die Möglichkeit, Einblicke in andere Unternehmenskulturen zu erhalten.

Das Pilot wurde im Oktober 1999 abgeschlossen. Aufgrund des Erfolgs wird das Cross-Mentoring seither mit insgesamt acht Unternehmen weitergeführt.

Courage – das Frauennetzwerk der Commerzbank

Das Netzwerk Courage wurde 1998 durch Frankfurter Commerzbankerinnen gegründet. Heute engagieren sich in Frankfurt und zahlreichen regionalen Netzwerken Mitarbeiterinnen aus der Zentrale, den Filialen und den Konzerntöchtern. Das Netzwerk hat zum Ziel,

- den Erfahrungsaustausch unter Frauen zu fördern,
- ein Informationsforum darzustellen,
- zu der Entwicklung der Unternehmenskultur aktiv beizutragen,

- durch Coaching, Mentoring und Weiterbildung Frauen zu unterstützen.

Das unterschiedlich ausgeprägte Miteinander von Familie und Beruf, strukturelle beziehungsweise sozialisationsbedingte Gründe sind – wie bereits erwähnt – nur einige der Ursachen, warum sich Frauen nicht in gleicher Weise wie Männer beruflich entwickeln. Auch Vorurteile und Rollenklischees stellen Hemmnisse dar. Deshalb sind Maßnahmen zur Sensibilisierung, die entsprechende Themen ins Gespräch bringen, besonders wichtig.

Rollenvielfalt in Beruf und Privatleben

Seit Beginn des Projekts werden unterschiedliche Veranstaltungen rund um das Thema Chancengleichheit organisiert. In kleinen und größeren Gesprächsrunden oder überregional konzipierten Symposien diskutieren Mitarbeitergruppen über die diversen Aspekte. Dazu einige Beispiele: In den übergeordneten Filialen der Commerzbank werden Elterntreffen veranstaltet. Dort erhalten Mitarbeiter/innen in der Familienphase Informationen über das Geschehen in der Bank, und es werden aktuelle Themen besprochen. In anderen Veranstaltungen werden Führungskräfte in das Projekt eingebunden und Multiplikatoren gewonnen.

Drei Jahre nach Start des Projekts wurde ein zweitägiges Symposium im Schulungszentrum der Commerzbank organisiert, um die Maßnahmen, die bis dahin umgesetzt waren, kritisch zu beleuchten. Eingeladen war bundesweit ein Querschnitt aller Mitarbeiterinnen der Bank. In Workshops bearbeiteten die Teilnehmerinnen die Themenschwerpunkte: Frauen in Führungspositionen, Frauen als Kundinnen der Bank, Frauen in Familie und Beruf, Frauen in der Weiterbildung sowie Frauen in Werbung und Öffentlichkeitsarbeit. Die zum Teil kontrovers geführten Diskussionen brachten eine Reihe von Ergebnissen, die weitere Teilprojekte initiierten.

Der Erfolg dieser Veranstaltung war Auslöser für ein weiteres Symposium im Oktober 1995. In der Zwischenzeit waren einige Rahmenbedingungen entstanden. Immer deutlicher wurde, dass Chancengleichheit nicht im Alleingang der Frauen, sondern nur in

Zusammenarbeit mit den männlichen Kollegen erreicht werden kann. Deshalb waren dieses Mal Mitarbeiter und Mitarbeiterinnen eingeladen, um über die Zusammenarbeit zwischen Frauen und Männern nachzudenken. Betrachtet wurden männliches und weibliches Führungsverhalten, typische Situationen zwischen Frauen und Männern im Vertrieb sowie unterschiedliche Sprach- und Verhaltensweisen. In einem weiteren Workshop diskutierten die Teilnehmer/innen Unterschiede in der Berufs- und Lebensplanung. Andere setzten sich mit dem Thema »Väter im Erziehungsurlaub« auseinander.

Zu Beginn wurde dieser Ansatz von vielen Seiten belächelt, denn die Zusammenarbeit von Frauen und Männern wurde als unkompliziert eingestuft. Das gemeinsame »Überdenken« in den Workshops brachte jedoch ans Licht, dass beispielsweise die unterschiedlichen Kommunikationsstile von Frauen und Männern häufig zu Missverständnissen führen. Die Kenntnis darüber kann wiederum Reibungspunkte in der alltäglichen Zusammenarbeit vermeiden helfen. Ein lohnendes Thema, an dem die Commerzbank mit Sicherheit weiterarbeiten wird.

In den letzten Jahren wurde in vielen Veranstaltungen innerhalb der Bank deutlich, dass das Thema Chancengleichheit nur noch in Teilen den aktuellen Bedürfnissen gerecht wird. Die Mitarbeiterstruktur ist mittlerweile sehr divers geworden und der Fokus auf die Kundinnen und Kunden hat einen anderen Schwerpunkt erhalten.

Chancengleichheit wird Diversity

Das Thema Chancengleichheit wurde zunächst sehr stark aus personalpolitischer Sicht betrachtet, denn ein produktives Arbeitsumfeld und eine möglichst hohe Zufriedenheit der Mitarbeiter/innen bei der beruflichen Tätigkeit sind wichtige Voraussetzungen für den Erfolg der Bank. Auch der Rekrutierungsaspekt nimmt in diesem Zusammenhang eine bedeutende Rolle ein. Auf Hochschulmessen wurde beispielsweise deutlich, dass sich gerade junge Hochschulabsolventen sehr für das partnerschaftliche Miteinander im Unternehmen interessieren. Wertschätzung für den eigenen Lebensentwurf und die Möglichkeit, Individualität auszuleben, werden wichtiger als materielle Faktoren wie Gehalt eingestuft.

Letztendlich erfordern die komplexen Strukturen, die Schnelligkeit und die globalen Anforderungen, die seit Jahren unser Wirtschaftsleben prägen, die Zusammenarbeit von Menschen mit verschiedenen Talenten, Hintergründen und Erfahrungen. Integration und Fairness am Arbeitsplatz erhalten deshalb eine hohe Bedeutung.

Viele Mitarbeiter/innen suchen nach Möglichkeiten, eine gute Balance zwischen Privatleben und Beruf herzustellen und schätzen die Unterstützung in unterschiedlichen Lebensphasen. Die aktive Förderung der auf den Arbeitsprozess bezogenen Interessen einzelner Mitarbeitergruppen führt zu mehr Leistungsbereitschaft und -fähigkeit.

Unsere Gesellschaft wird pluralistischer, die Menschen entwickeln mehr Individualität. Deshalb zeigt sich die Vielfalt der Mitarbeiter/innen heute in vielen Facetten: Unterschiede stellen sich neben dem Geschlecht und einer möglichen Elternschaft beispielsweise auch über Alter, Nationalität, Kultur, Sprache und sexuelle Orientierung dar. Diese Heterogenität zeigt sich natürlich nicht nur bei den Mitarbeiterinnen und Mitarbeitern, sondern auch bei den Kundinnen und Kunden der Commerzbank. Damit ist diese Betrachtungsweise eng an das Kerngeschäft des Unternehmens gebunden.

Unter »Diversity« versteht die Commerzbank das bewusste Fördern der Vielfalt der Mitarbeiter/innen. Nur über Teams mit vielseitig geprägten Mitarbeitern versteht die Commerzbank ihre Kunden und ist in der Lage, zeitgemäße Dienstleistungen und Produkte zu entwickeln. Nicht zuletzt die Aktionäre halten eine auf Chancengleichheit/Diversity orientierte Personalpolitik für eine wichtige Erfolgskomponente, denn zufriedene und leistungsstarke Mitarbeiter/innen sind die Voraussetzung für eine nachhaltige Unternehmenswertsteigerung.

Diversity – Vielfalt leben

In diesem Zusammenhang entstehen Stück für Stück Maßnahmen, die einerseits zur Integration aller Mitarbeiter/innen beitragen und die andererseits für einzelne Mitarbeitergruppen Rahmenbedingungen schaffen und Unterstützung anbieten. Über die Angebote für Mitarbeiterinnen und Eltern beziehungsweise Maßnahmen zur Sensibilisierung wurde bereits berichtet. Unter der Bezeichnung »Diversity – Vielfalt leben« sind weitere Projekte entstanden. Den Anfang machte ein übergeordnetes Thema: Fairness am Arbeitsplatz.

No-mobbing: Fairness am Arbeitsplatz

Viele Mitarbeiter/innen engagieren sich für dieselben Aufgaben und Ziele der Bank. Sie gehen täglich miteinander um, und es kann zu Auseinandersetzungen kommen. Konflikte gehören zur Arbeitswelt. Sie verschärfen sich in der Regel, wenn die Zeiten härter werden. Immer nur Harmonie zu erwarten wäre realitätsfremd. Wenn jedoch sachliche Auseinandersetzungen zu Dauerkonflikten eskalieren, in deren Zentrum gezielte Attacken auf die Persönlichkeit eines Mitarbeiters stehen, ist es oft nur ein kleiner Schritt zu systematischem Mobbing mit erschreckenden Folgen.

Als ein klares Wort zu Fairness am Arbeitsplatz, wurde in der Bank – gemeinsam mit dem Gesamtbetriebsrat – ein Statement an alle Mitarbeiter/innen versandt. Genutzt wurde ein Weg, der alle erreichte: Der Versand erfolgte mit der Gehaltsabrechnung. Ferner wurde ausführlich im Intranet der Bank beschrieben, was unter Mobbing, sexueller Belästigung und Diskriminierung verstanden wird und wer in solchen Fällen weiterhelfen kann.

Es wurden unterstützend Teams zunächst in zwei großen Bereichen zusammengestellt, die – paritätisch mit zwei Mitarbeitern aus dem Personalbereich und zwei Mitgliedern des Betriebsrates besetzt – all die Fälle noch einmal aufrollen sollen, die nicht von Vorgesetzten, Personalabteilung oder Betriebsrat gelöst werden können. In besonders schwierigen Fällen besteht die Möglichkeit, externe Experten hinzuzuziehen. Nach einem erfolgreichen

Abschluss der Pilotphase ist geplant, diese Teams bundesweit einzusetzen.

Homosexuelle Mitarbeiter/innen: Das Netzwerk ›arco‹

Das Netzwerk arco ist ein Netzwerk schwuler und lesbischer Mitarbeiter/innen in der Bank. Es will Vorurteile abbauen und die gegenseitige Toleranz auf allen Ebenen fördern. Die Mitarbeiter/innen wollen einen Beitrag dazu leisten, dass jeder unbelastet seiner Arbeit nachgehen und seine beruflichen Ziele verfolgen kann.

Die Netzwerker/innen sind Ansprechpartner, um homosexuellen Mitarbeitern in Konfliktfällen hilfreich zur Seite zu stehen. Vor allem aber wollen sie allen Kollegen im Umgang mit diesem Thema Fragen beantworten und ein Diskussionsforum bieten.

In der Zwischenzeit gehören dem Netzwerk mehr als 120 Teilnehmer/ innen an, die in unterschiedlichen Projektgruppen (unter anderem Kommunikation zum Thema) zusammenarbeiten. Die Bank unterstützt das Netzwerk aktiv.

Ausblick

Die Commerzbank begreift Diversity als einen Prozess, der sukzessive vorangebracht werden muss. Wichtig ist zum einen eine breite, interne Kommunikation, um allen Mitarbeiterinnen, Mitarbeitern und Führungskräften deutlich zu machen, dass die Commerzbank nur gemeinsam und in Akzeptanz der Unterschiedlichkeit erfolgreich sein wird.

Stück für Stück wird die Commerzbank darüber hinaus Rahmenbedingungen für einzelne Mitarbeitergruppen weiter voranbringen, die ein Umfeld schaffen, in dem sich viele Mitarbeiter/innen wertgeschätzt fühlen und in dem sie Unterstützung erhalten. Ziele sind ein produktives Arbeitsumfeld und eine möglichst hohe Arbeitszufriedenheit. Die nächsten Projekte werden sich mit den Themen »Generationen« und »Nationalitäten« auseinander setzen.

Die Commerzbank wird künftig der Wirtschaftlichkeit von Diversity eine größere Bedeutung beimessen. Über Analysen und Evaluationen, die neben den quantitativen Aspekten auch die qualitativen mit einbeziehen, wollen sie zeigen, dass sich die initiierten Maßnahmen »rechnen«.

Die Erfahrungen der letzten Jahre haben bewusst gemacht, dass sich das Thema Chancengleichheit/Diversity nur langsam und zum Teil sehr mühsam in Gang setzt. Deutlich wurde, dass nur kontinuierlich eingebrachte Konzepte und Maßnahmen greifen und dass sich viele Seiten engagieren müssen.

Betriebliche Angebote stoßen an Grenzen, wenn im privaten oder gesellschaftlichen Umfeld andere Vorstellungen existieren. So ist es beispielsweise noch weitestgehend für Männer tabu, Elternzeit zu nutzen oder Teilzeit zu arbeiten. Letztendlich wird uns aber nur ein Aufweichen der alten Rollenverteilung weiterbringen. Das bedeutet, dass sich jeder – unabhängig vom Geschlecht – beruflich oder familiär so engagieren sollte, wie es seinen persönlichen Vorstellungen entspricht.

Der Prozess hin zu mehr Chancengleichheit und zu akzeptierter Diversity lässt sich nicht mehr umkehren, denn der wirtschaftliche Erfolg der Bank hängt vom Potenzial aller Mitarbeiter/innen ab.

Balanced Scorecard und Leitbild

Dr. Clifford Tjiok

Der Ansatz der Balanced Scorecard

Was sind die kritischen Erfolgsfaktoren, mit denen manche Unternehmen langfristig erfolgreicher sind als andere? Eine Antwort darauf versucht der Ansatz der Balanced Scorecard zu geben, der ursprünglich auf ein Konzept von Kaplan und Norton Anfang der neunziger Jahre zurückgeht. Im Fokus der Betrachtung stand der Beitrag der »weichen« Faktoren, mit denen ein Unternehmen nachhaltig konkurrenzfähig bleiben und im Wettbewerb zu bestehen vermag. »Weiche« Faktoren wie Wissen, Kreativität, Innovation, Motivation lassen sich nur schwerlich direkt mit finanziellen Größen messen und steuern.

An die Stelle simpler Messverfahren setzt die Balanced Scorecard ein Managementsystem aus einer ausgewogenen Kombination (»balanced«) unterschiedlicher Faktoren, die über den rein finanziellen Aspekt hinausgehen und mit denen die Mitglieder in einer Organisation strategische Ziele langfristig verinnerlichen und kontinuierlich operationell umsetzen können, um nachhaltig finanzielle und wettbewerbsorientierte Leistungsfähigkeit zu erzielen.

Kern der Vorgehensweise ist dabei, dass die strategischen Ziele finanzieller und kundenbezogener Art aus einer gesamtheitlichen Sicht mit unterschiedlichen Perspektiven top-down formuliert werden. Innerhalb dieses Rahmens werden dann die Ziele und Messgrößen für die jeweiligen internen Geschäftsprozesse definiert, die durch Lern- und Wachstumsziele für die Organisation und die Mitarbeiter ergänzt werden. Dadurch sollen das Unternehmen und die Mitarbeiter mit der Zielerreichung und mit den Lernprozessen wachsen.

Zuweilen wurde gegen den Balanced-Scorecard-Ansatz eingebracht, dass er dazu führt, Strategien lediglich konkretisierend zu beschreiben und dabei mit generalisierenden Einzelthemen aus der US-Managementliteratur zu arbeiten. Dazu entgegnen Kaplan und

Norton (2001): »Wir können nicht erwarten, eine Strategie zu implementieren, wenn wir sie nicht beschreiben können.« Gerade die Notwendigkeit, dass eine Strategie von allen Mitarbeitern auch umgesetzt werden muss, erfordert es, den Mitarbeitern die Strategie auch transparent zu machen, statt sie geheim zu halten. Die Balanced Scorecard setzt dabei bei der systematischen Steuerung dieser Prozesse an.

Neben der Institutionalisierung der Balanced Scorecard im Managementprozess ist ein weiteres Anwendungsfeld ihr Einsatz als Mittel, um Prozesse für den organisatorischen Wandel voranzutreiben. Wesentlich ist dabei auch die laufende Rückkopplung der operativen Einheiten, die bottom-up während der Umsetzung gegeben wird und so statt eines starren Schemas zum iterativen Charakter der gesamten Vorgehensweise beiträgt, die auch dazu führen kann, dass gesetzte Ziele an veränderte Gegebenheiten beispielsweise unterjährig angepasst werden können.

Finanzielle Leistung

Finanzielle strategische Ziele bilden das Fundament der Strategischen Zielsetzung und beinhalten in der Regel Messgrößen wie zum Beispiel Ertrag, Rendite auf das eingesetzte Kapital, aber auch Umsatzwachstum oder Erwirtschaftung von Cashflow. Eines der Postulate von den Erfindern der Balanced Scorecard für strategische finanzielle Leistungsziele ist es, die Ziele an der jeweils betrachteten Strategischen Geschäftseinheit auszurichten und dabei auch die Stellung der Geschäftseinheit im Lebenszyklus und die daraus abgeleitete strategische Handlungsalternative (Wachstum, Beibehaltung, Abschöpfung) zu berücksichtigen. Bei Kaplan und Norton werden als strategische Themenfelder aus finanzieller Perspektive genannt: Umsatzwachstum und -zusammensetzung, Kostensenkung und Produktivitätszuwachs, Anlagennutzung und Investitionsstrategie, für die sich in Abhängigkeit des jeweiligen Lebenszyklus unterschiedliche Messgrößen ergeben, sowie Risikomanagement.

Während bei Wachstumsfeldern in Bezug auf Umsatzwachstum im Vordergrund das Umsatzwachstum je Segment sowie die

Umsatzanteile neuer Produkte und Kunden stehen können, sind mit zunehmender Reife des Geschäftsfelds als potenzielle Messgrößen zum Beispiel eher Kunden- und Produktprofitabilität oder auch das Cross-Selling unterschiedlicher Produkte von Interesse. Beim Thema Kostenreduktion liegt der Fokus der Messgrößen bei reiferen Geschäftsfeldern zum Beispiel auf den Kosten im Vergleich zum Wettbewerb, den administrativen Kosten und den Stückkosten. Im Vordergrund potenzieller Messgrößen für Anlagennutzung und Investition stehen bei Wachstumsfeldern die getätigten Investitionen sowie die Ausgaben für Forschung und Entwicklung. Mit zunehmender Reife des Geschäftsfelds lassen sich zum Beispiel Anlagennutzungsgrade, Optimierung des Working Capitals, Rückflüsse und Durchsatz als Messgrößen nutzen. Strategische Ziele für das Risikomanagement werden im ursprünglichen Ansatz von Kaplan und Norton zwar nicht ausführlich genannt, können sich allerdings auf das strategische Management von markt- und preisbezogenen Risiken, kreditbezogenen Risiken und operationellen Risiken beziehen, für die sich jeweils konkrete Messgrößen definieren lassen.

Kundenbezogenes Wissen

Beim kundenbezogenen Wissen werden strategische Ziele aus der Perspektive der Kunden formuliert, basierend auf der Segmentierung nach Kunden und Märkten. Im Vordergrund steht dabei auch die Frage nach dem Mehrwert und der Wertschätzung, die der Kunde von einem bestimmten Produkt oder einer Dienstleistung erwartet. Bewährte Messgrößen für kundenbezogene Ziele sind beispielsweise Kundenzufriedenheit, Kundenbindung, Gewinnung von Neukunden, Kundenprofitabilität sowie Marktanteile in den jeweiligen verfolgten Segmenten, aber auch kundenorientierte Größen wie Zeit, Qualität und Preise. Ebenso können hier Benchmarks einfließen, die von Kunden für kritische Faktoren bei der Bewertung ihrer Lieferanten eingesetzt werden. Dazu zählen zum Beispiel kurze Bearbeitungszeiten und termintreue Lieferung ebenso wie Innovation und Schnelligkeit bei der Entwicklung neuer Produkte, um neuen Bedürfnissen auf Kundenseite begegnen zu können. Die Frage könnte hier auch sein, welche Faktoren für Kunden maßgeblich sind, damit es zu einer Bereitschaft für weitere Geschäfte oder Transaktionen kommen kann.

Interne Geschäftsprozesse

Die Perspektive der internen Geschäftsprozesse erfordert die Identifizierung der kritischen internen Prozesse, mit denen die jeweilige Geschäftseinheit die Leistung für den Kunden erbringt und mit denen die Erwartungen der Eigentümer erfüllt werden können. Im Balanced-Scorecard-Ansatz wird davon ausgegangen, dass Wertschöpfungsprozesse sich zergliedern lassen in einen Innovationsprozess, einen Ausführungsprozess und einen After-Sales-Betreuungsprozess.

Der Innovationsprozess bezieht sich dabei auf die Erkennung von Marktchancen für ein neues Produkt oder eine neue Dienstleistung, gefolgt von Aktivitäten zur Forschung und Entwicklung für das neue Produkt. Der Ausführungsprozess beginnt in der Regel mit der Auftragserteilung durch den Kunden und endet mit der Ablieferung des Produkts oder der Dienstleistung beim Kunden. Der Ausführungsprozess war in den achtziger Jahren bereits ausgiebig Gegenstand der Literatur und der Ansätze zum Qualitätsmanagement.

Der After-Sales-Betreuungsprozess hat die laufende Betreuung des Kunden nach dem Kauf im Fokus. Gerade für Wartung und Reparaturen lassen sich zum Beispiel auch entsprechende Größen wie Zeit, Kosten/Preis und Qualität formulieren.

Lernen und Wachstum

Bei der Perspektive Lernen und Wachstum liegt der Fokus auf der Weiterentwicklung der drei wesentlichen Fakoren der Organisation: den Mitarbeitern, den IT-Systemen und den organisatorischen Verfahrensabläufen.

Mitarbeiterbezogene Messgrößen beziehen sich dabei unter anderem auf die Zufriedenheit, Bindung und Produktivität der Mitarbeiter, die Weiterbildung sowie vorhandene und erwartete Fähigkeiten.

In Abhängigkeit der verfolgten strategischen Ziele kann es zu einem Weiterbildungsbedarf der Mitarbeiter kommen, dem so genannten Reskilling. Für die reguläre Weiterentwicklung der grundsätzlichen Kenntnisse der Mitarbeiter reichen in der Regel die üblichen Weiterbildungsmaßnahmen aus, ohne dass eine separate Erwähnung in der Balanced Scorecard erforderlich wird. Handelt es sich hingegen um eine nachhaltige strategische Initiative, die ein unternehmensweites Reskilling mit entsprechendem Weiterbildungsbedarf aller Mitarbeiter erforderlich macht, zum Beispiel anlässlich der Einführung eines unternehmensweiten Qualitätsmanagements, ist eine derartige Initiative in die Balanced Scorecard aufzunehmen.

Darüber hinaus sind zur Messung der Mitarbeitermotivation auch Messgrößen wie zum Beispiel die Anzahl eingereichter und umgesetzter Verbesserungsvorschläge denkbar.

Im ursprünglichen Balanced-Scorecard-Ansatz werden Messgrößen für IT-Systeme zwar nicht detailliert erwähnt, allerdings lassen sich Messgrößen für den Aufbau und die Nutzung von Informationssystemen (zum Beispiel Kundendatenbank, Marktdatenbank) und für die Nutzung der administrativen Systeme (zum Beispiel Buchungssystem) bei der Umsetzung der strategischen Ziele formulieren.

Im Folgenden soll anhand des Beispiels der in den neunziger Jahren entwickelten und eingesetzten Balanced Business Scorecard einer weltweit tätigen Universalbank konkret gezeigt werden, wie die langfristigen strategischen Ziele anhand einer Balanced Scorecard operationalisierbar und bis hin zum periodisch-unterjährigen Review der gezeigten Leistung handhabbar gemacht wurden. Das Leitbild der Landesbank Hessen-Thüringen Girozentrale (Helaba) rundet diese Ausführungen ab.

Ein Fallbeispiel zur Balanced Scorecard

Die Balanced Business Scorecard einer weltweit tätigen Universalbank

Im Jahr 1997 wurde bei der weltweit tätigen Universalbank eine Weiterentwicklung des Performance-Management-Prozesses eingeführt, mit dem Ziel, die Leistung der Arbeitnehmer substanziell bewerten und diskutieren zu können.[5] Eine wesentliche Neuerung war dabei der weltweite Einsatz einer »Balanced Business Scorecard«, die als Rahmen für den jährlichen Zielsetzungsprozess, aber auch für den laufenden, unterjährigen Beurteilungsprozess dienen sollte. Zu dieser Zeit bestand die weltweit tätige Universalbank aus der Consumer Bank, in der sämtliche Aktivitäten im Retailgeschäft mit privaten Filialkunden gebündelt waren, und aus der Wholesale Bank, unter deren Dach sich das Großkundengeschäft mit Unternehmen und Institutionen befand. Beide Organisationen waren weltweit tätig.

Die Balanced Scorecard wurde bei der weltweit tätigen Universalbank wie folgt definiert:[6]

»Die Balanced Scorecard definiert die übergeordnete Geschäftsstrategie des Unternehmens und bildet ein Rahmenwerk, ›wohin wir gehen‹. Die Scorecard misst sowohl quantifizierbare als auch nichtquantifizierbare Beiträge, die von jedem/r Arbeitnehmer/in erwartet werden bei der Ausführung seiner/ihrer Arbeit. Die Scorecard wird bei der Zielsetzung auf der individuellen Ebene, für Teams und für das Gesamtgeschäft eingesetzt. Persönliche Leistungen bei der Umsetzung dieser Ziele bilden die Basis für die Beurteilung der Ausführung und die daraus gegebenenfalls resultierende Vergütung.«

Bei diesem Verfahren handelte es sich also um einen Ansatz zur verbesserten Ausrichtung des operativen Zielvereinbarungsprozesses bis hin zur individuellen Arbeitnehmerebene auf die übergeordneten strategischen Ziele des Unternehmens. Entsprechend war zunächst ein Top-Down-Prozess erforderlich. Abgeleitet von den strategischen Oberzielen wurden die Ziele der Geschäftsbereiche sowie die individuellen Ziele definiert. Die strategischen Oberziele umfassten: Management von Menschen (People Management),

Kunden und Geschäftsleistung (Customer/Franchise Performance), strategisches Kostenmanagement (Strategic Cost Management), Risiko und Kontrolle (Risk and Control), das Gemeinwesen (the Community) sowie finanzielle Leistung (Financial Performance).

Management von Menschen (People Management)

People Management bezog sich dabei auf die Leitbegriffe »das Team«, das Consumer Banking (»Consumer«) sowie auf das Großkundengeschäft (»Bank«). Innerhalb der Leitbegriffe fanden sich generelle Leitsätze, wie zum Beispiel:

- Zeige kontinuierliche Verbesserung in der Zufriedenheit der Arbeitnehmer.
- Bilde dein Urteil auf Basis von Fakten und mit angemessenem Informationsgrad über die Zusammenhänge. Professionalisiere.
- Sorge dafür, dass die Bank ein großartiger Ort zum Arbeiten ist.
- Arbeite darauf hin, dass echte Vielfalt (diversity) erreicht wird.
- Sei offen für die Ideen von allen.
- Setze zügig und vollständig um.
- Übernehme die Linienverantwortung.

Unter dem Leitbegriff »Consumer« fanden sich als generelle Leitsätze unter anderem:

- Lebe Qualität.
- Statte das Globale Marketing personell aus.
- Entwickle eine Trainings- und Karriereplanung, um Bereichs- und Geschäftsfeldführungskräfte aufzubauen.

Der Leitbegriff »Bank« bestand unter anderem aus den folgenden generellen Leitsätzen:

- Erkenne, dass wir Führungskräfte, Transaktoren, Händler sowie Kundenleute benötigen.
- Das Beste ist der Standard.
- Drei Worte: Anstellen. Ausbilden. Entwickeln.

Kunden und Geschäftsleistung (Customer/Franchise Performance)

Customer/Franchise Performance bezog sich auf einen allgemeinen Teil sowie auf die Leitbegriffe »Consumer« und »Bank«. Bei »Bank« erfolgte eine weitere Unterteilung in die beiden Geschäftsbereiche »Emerging Markets« und »GRB« (Global Relationship Bank: das Großkundengeschäft mit globalen Firmenkunden und Institutionen).

Im allgemeinen Teil fanden sich als Leitsätze unter anderem:

- Erreiche die erste Position bei Kundenloyalität und -zufriedenheit über alle Geschäftseinheiten und Regionen.
- Wende den Six-Sigma-Ansatz zur Vermeidung von Problemen an.
- Weise Innovation anhand der Qualität neuer Produkte und im Vertrieb nach.

Unter dem Leitbegriff »Consumer« waren unter anderem folgende Leitsätze aufgeführt:

- Das uns definierende Wachstumsgeschäftsfeld.
- Setze Kategorien als Standard, gegen den sich die anderen positionieren. Weltweit.
- Werde mit Werthaltigkeit gleichgesetzt – als erstrebenswerte Art des Banking.
- Setze das Wachstum in den Emerging Markets fort.
- Erschließe neue Länder.
- Schaffe einen Durchbruch bei Qualität und bei elektronischen Plattformen.

Der Leitbegriff »Bank« bestand unter anderem aus den folgenden generellen Leitsätzen:

- Einzigartig wertvolles Bankgeschäftsfeld.
- Stehe im Dienst lokaler und regionaler Kunden.
- Stehe im globalen Dienst für die weltweit am weitesten entwickelten und fordernden Kunden, die ihrerseits globale Ambitionen haben.

Im Leitbegriff »Bank« fanden sich innerhalb der Begriffe »Emerging Markets« und »GRB« unter anderem folgende Leitsätze:

- Entwicklung als lokale und regionale Bank.
- Einzigartig »das Beste«.
- Vertiefe und erweitere das Geschäftsfeld.
- Institutionalisiere Best-Practices, Fähigkeiten und die besten Mitarbeiter.
- Schaffe »die Bank« für Finanzinstitutionen und Unternehmen, die Wert auf Globalität legen.
- Fokus, Qualität, Reaktionsfähigkeit und Innovation sind die Unterscheidungsmerkmale.

Strategisches Kostenmanagement (Strategic Cost Management)

Das strategische Kostenmanagement bezog sich unter anderem auf folgende Leitsätze:

- Verhältnis Deckungsbeitrag zu Kosten sollte A:B[7] sein.
- Aufbau und Konvergieren weltweiter Plattformen: »Consumer« und »Bank«.
- Verbessere die Vorhersagbarkeit und die Fähigkeiten der Vorausschau.
- Betrachte alle Bereiche zur Prozessverbesserung.
- Nutze Qualitätsinitiativen zur Kostensenkung.

Risiko und Kontrollen (Risk and Control)

Unter Risiken und Kontrollen fanden sich unter anderem folgende Leitsätze:

- Erreiche das beste Rating bei einer Revision.
- Hohe aufsichtsrechtliche Ratings.
- Setze die Investition in ein besseres Verständnis der Risiken fort. Entwickele unter anderem eine Systematik zum Management von systemischen Risiken und von Clearingrisiken.

Gemeinwesen (the Community)

- Trage zur Gesamtleistung bei.
- Ethisches Verhalten.
- Untersuche die Auswirkungen von Geschäften auf die Community.
- Fokussiere auf Entwicklung und Ausbildung des Gemeinwesens.

Auch hier findet sich die Unterteilung nach den Leitbegriffen »Consumer« (Retailgeschäft) und »Bank« (Großkundengeschäft). Unter dem Leitbegriff Consumer wird insbesondere erwähnt:

- Sei ein fairer Kreditgeber.
- Erweitere den Zugang zu Finanzdienstleistungen.
- Beachte die Verbraucherrechte, zum Beispiel Transparenz, Kontrolle durch Verbraucher sowie Privatsphäre.

Unter dem Leitbegriff »Bank« fand sich folgender Leitsatz:

- Leistet einen Beitrag zum Gemeinwesen durch eure Arbeit, durch euch als Beispiel und durch euer Verhalten.

Finanzielle Leistung (Financial Performance)

Konkrete quantifizierte Leitsätze fanden sich unter »Finanzielle Leistung« unter anderem als:

- Sei berechenbar durch Einhalten oder Übertreffen der zugesagten finanziellen Ziele je Quartal.
- Dauerhafte Verbesserung in jeder rollenden Planung über sechs Quartale.
- Verbesserung des Umsatzwachstumspfads.
- Das Umsatzwachstum soll zu Kostenwachstum im Verhältnis A:B der jeweiligen marginalen Änderungen stehen.

Während die Balanced Business Scorecard der weltweit tätigen Universalbank ein Fallbeispiel aus einem globalen, börsenorientierten Unternehmen darstellt, soll im Folgenden ein weiteres Fallbeispiel zum Leitbild eines Unternehmens gezeigt werden, das aus einem öffentlich-rechtlichen und regional geprägtem Umfeld stammt.

Ein Fallbeispiel zum Leitbild eines Unternehmens

Das Leitbild der Landesbank Hessen-Thüringen (Helaba)

Der Wegfall der Gewährträgerhaftung am 18. Juli 2005 markiert für die Landesbanken und den öffentlich-rechtlichen Bankensektor in Deutschland eines der Ereignisse, denen im Vorfeld mit Weitsicht zu begegnen war. Bereits zu Beginn der neunziger Jahre wurden bei der Landesbank Hessen-Thüringen Girozentrale (Helaba) mit Sitz in Frankfurt am Main und Erfurt entscheidende Schritte in Richtung Wettbewerbsorientierung unternommen – durch die Schaffung neuer Produktfelder für strukturierte Finanzierungen und Lösungen für Kunden, aber auch durch die gezielte Schaffung von neuen vertriebsorientierten Einheiten zur Betreuung von Großunternehmen und Institutionen.

Mit der 2003 eingeleiteten Bildung des Verbunds aus Helaba und Sparkassen in Hessen und Thüringen konnte ein weiterer wichtiger Schritt in der wettbewerbsorientierten Entwicklung gemacht und eine auch für die Sichtweise von Ratingagenturen relevante Einheit mit Strukturen (zum Beispiel Sicherungsfond im Verbund) und Funktionen (zum Beispiel einheitliche Risikosteuerung) geschaffen werden, die sich gegenseitig ergänzen.

Als weiterer Schritt in der wettbewerbsorientierten Entwicklung der Helaba wurde im Jahr 2004 ein Leitbild als ein genereller Orientierungsrahmen eingeführt, das von Mitarbeitern aller Hierarchieebenen entwickelt wurde. Es werden dabei sechs Grundwerte unterschieden: Aufgaben, Kundenorientierung, Mitarbeiterorientierung, Rendite- und Risikobewusstsein, regionale Bindung sowie Verantwortung.

Aufgaben

Die Landesbank Hessen-Thüringen Girozentrale (Helaba) wird im Unterschied zu manchen anderen Banken von drei Säulen getragen: In der Geschäftsbank steht die Helaba in ihren Geschäfts- und Produktfeldern direkt im Wettbewerb mit einer Vielzahl anderer Anbieter von innovativen Problemlösungen. Dazu gehören unter anderem Kreditgeschäfte und komplexe Spezialfinanzierungen für Unternehmen und Institutionen, Asset Management, gewerbliche Immobilienfinanzierungen, Handelsprodukte des Kapitalmarkts sowie Cash Management.

Mit der Säule Sparkassenzentralbank unterstützt die Helaba Sparkassen in ihrer Geschäftspolitik und stellt Produkte und Dienstleistungen als Verbundpartner zur Verfügung. Mit der Wahrnehmung der Säule als öffentliche Förderbank werden durch die Helaba wirtschafts- und strukturpolitische Zielsetzungen verfolgt.

Durch das breite Aufgabenspektrum wird die Sicherstellung der guten Wettbewerbsposition der Helaba betrieben. Nachhaltige Ertragsstärke dient der Helaba dazu, ihre Zukunftsfähigkeit zu gewährleisten.

Generelle Hinweise bei der Aufgabenorientierung beziehen sich unter anderem darauf, Spitzenleistungen anzustreben und maßgeschneiderte Problemlösungen anzubieten. Individuell sollte Innovationen aufgeschlossen begegnet und deren Umsetzung unterstützt werden.

Kundenorientierung

Bei diesem Wert geht es um den Aufbau und die langfristige Erhaltung des Vertrauens externer und interner Kunden, unter anderem durch den Aufbau langfristiger Beziehungen und mittels Entwicklung kundenorientierter Lösungen sowie durch Verlässlichkeit. Im Mittelpunkt steht dabei die Frage: »Möchten Sie gerne Ihr eigener Kunde sein?«

Es werden Hinweise gegeben, mit denen Kundenorientierung für den Alltag operationalisiert werden kann. Sie reichen von der Kundenansprache über die Entwicklung kreativer Lösungsvarianten bis hin zur Vertretungsregelung bei Abwesenheiten und dem Umgang mit Kritik. Weitere Hinweise beziehen sich auf die Qualität und professionelle Darstellung schriftlicher und mündlicher Kommunikation.

Mitarbeiterorientierung

Die Leistungsfähigkeit der Helaba wird durch die Mitarbeiter bestimmt. Der Grundwert Mitarbeiter bezieht sich daher auf fachliches Können, soziale Kompetenz sowie Lern- und Veränderungsbereitschaft, die die Basis für ausgezeichnete Arbeit darstellen.

Während zum einen von Mitarbeitern fachliche und soziale Kompetenz sowie die Bereitschaft zu lernen und zu verändern gefordert wird, können Mitarbeiter auf der anderen Seite erwarten, in einem Umfeld zu arbeiten, das Leistungen honoriert und die Lern- und Veränderungsbereitschaft unterstützt.

Die Zusammenarbeit soll dabei auf Basis offener Kommunikation und im Austausch zustimmender oder kritischer Einschätzungen erfolgen.

Auf dieser Basis werden Hinweise zur Organisation, zur Qualifikation und zum Umgang miteinander gegeben. Dazu zählen unter anderem die schnittstellenübergreifende Zusammenarbeit unter dem Aspekt Kundenzufriedenheit sowie der Umgang mit Veränderungen und den damit verbundenen Chancen. Gerade bei der Qualifikation wird vorgeschlagen, die Weiterentwicklung fachlicher und sozialer Kompetenzen nicht allein mittels Seminaren durchzuführen, sondern auch im Arbeitsalltag durch gezielten Informationsaustausch zu verankern. Gleichzeitig wird der beständigen Optimierung der Vorzug gegenüber sprunghaften Veränderungen gegeben und die Notwendigkeit betont, aus Fehlern zu lernen.

Rendite- und Risikobewusstsein

Die Helaba präsentiert sich am Markt als solides und vertrauenswürdiges Institut. Vor diesem Hintergrund werden Risiken und Chancen aus Geschäften sorgfältig abgewogen und renditeorientiert wahrgenommen, bei gleichzeitiger Verfolgung einer vorsichtigen Risikopolitik. Den Kern bildet dabei der Erhalt einer tragfähigen Chancen-Risiko-Struktur.

Dabei liegt der Fokus auf Geschäftsfeldern, in denen die Helaba eine besondere Kompetenz aufzuweisen hat und die kontinuierliche Entwicklung kostengünstiger und bedarfsgerechter Produkte betreibt. Gleichzeitig soll auch kostenbewusstes Handeln gefördert werden, zum Beispiel durch individuelle gezielte Einbringung von Ideen zur Einsparung von Kosten.

Regionale Bindung

Durch die im Grundwert Aufgaben bereits dargestellten drei Säulen verbindet die Helaba in besonderer Weise die regionale Verankerung mit internationalem Engagement. Ausgehend von der Kernregion der geschäftlichen Tätigkeit in den Ländern Hessen und Thüringen ist die Helaba als Geschäftsbank in zentralen Geschäftsfeldern überregional und international tätig. Als Sparkassenzentralbank und Partner der Sparkassen werden die Sparkassen insbesondere in Hessen und Thüringen unterstützt.

Als öffentliche Förderbank wird die wirtschaftliche Entwicklung der Länder Hessen und Thüringen anhand der jeweiligen wirtschafts- und strukturpolitischen Zielsetzungen unterstützt. Dabei liegt der Fokus auch auf der Steigerung der Wirtschaftskraft in Hessen und Thüringen.

Konkrete Hinweise beinhalten unter aderem die Nutzung der internationalen Kontakte und Erfahrungen der Bank für geeignete Situationen der Sparkassen, aber auch die Förderung von Maßnahmen, mit denen die Marktposition der Sparkassen gefestigt werden kann.

Verantwortung

Aufgrund ihres geschäftlichen Erfolgs vermag die Helaba einen gesellschaftspolitisch wichtigen Betrag zu leisten unter aderem durch aktive Förderung des öffentlichen Lebens in Kultur, Bildung, Umwelt, Sport- und Sozialwesen. Dabei ist es der Helaba wichtig, dass von der aktiven Förderung des öffentlichen Lebens die Menschen aus allen Bevölkerungsschichten profitieren können. Mit diesen Maßnahmen wird zum einen dem Gemeinwesen geholfen und zum anderen auch das Ansehen der Helaba bei Kunden und Eigentümern gesteigert.

Es werden Hinweise gegeben, die sich unter anderem auf die Wahrnehmung ehrenamtlicher Engagements in Vereinen, Verbänden oder nichtorganisierten Gruppen beziehen, die auch dem Ansehen der Bank dienen. Daneben werden Hinweise zum schonenden Umgang mit natürlichen Ressourcen und zur Energieeinsparung gegeben sowie auf die bereits bestehenden Grundsätze zum Geschäftsgebaren beim Umgang mit Geschäftspartnern und Geschäften verwiesen.

Vorläufiges Fazit zur Balanced Scorecard und zum Leitbild

Bei den wiedergegebenen Wertesystemen, auch im Zusammenhang mit dem Balanced-Scorecard-Ansatz und der Formulierung von Leitbildern, handelt es sich um ausgewählte Beispiele, mit denen die Vielfalt in der Umsetzung aufgezeigt werden sollte. Als wesentliches Fazit soll festgehalten werden, dass sich ein Wertesystem mit langfristigen, strategischen Aspekten mit einer Balanced Scorecard operationalisieren und für den Alltagsgebrauch umsetzen lässt. Gerade mit der Balanced Business Scorecard der weltweit tätigen Universalbank sollte gezeigt werden, wie ein Balanced-Scorecard-Ansatz weltweit bis auf die individuelle Ebene umgesetzt wurde.

Grundsätzlich sind die Balanced Scorecard und das Leitbild Hilfsmittel, um ein Wertesystem und strategische Leitlinien in Form genereller Leitplanken für den operativen Alltag umsetzbar zu machen. Unabhängig vom dabei gewählten Ansatz müssen die strategischen Leitlinien von allen Mitarbeitern verinnerlicht und auch gelebt werden. Denn das ist die Voraussetzung für die erfolgreiche Umsetzung von Balanced Scorecard und Leitbild in der Unternehmensrealität.

Solidarität – Die Zusammengehörigkeit auf freiwilliger Basis

Christiane Hölz

Anders als Werte wie Verantwortung, Vertrauen, Respekt oder Mut ist Solidarität kein Wert, der einem so leicht zugänglich ist.

Über den historischen Ursprung des Wortes und wann es eine politische Bedeutung annahm, herrscht Uneinigkeit. Der Ursprung des Wortes »Solidarität« liegt im Lateinischen, und zwar in dem Eigenschaftswort »solidus«, das wir in dem Begriff »solide« verwenden, was soviel bedeutet wie »echt, unerschütterlich, ganz«. Über das Französische wurde daraus das deutsche Hauptwort »Solidarität« mit der Bedeutung »Gemeinsinn, enge Verbundenheit«. Der Begriff findet im Brüderlichkeitsideal der Französischen Revolution seine Wiederkehr. Als Solidarität bezeichnet man nun immer häufiger das Verstehen einer wechselseitigen moralischen Verpflichtung zwischen Individuum und Gesellschaft. Sie gilt als eine historisch eher junge Erscheinung.

Beschäftigt man sich mit diesem Wert aber etwas intensiver, so ist festzustellen, dass das Wort »Solidarität« in unserer heutigen Gesellschaft fast bis zur Unkenntlichkeit abgegriffen ist. Solidarität zählt zu denjenigen Begriffen, die eine große Karriere als Lehrformel, allerdings positive Lehrformel, gemacht haben und deren tatsächlicher Bedeutungsgehalt gleichzeitig zu schwinden droht. Solidarität wird unablässig eingeklagt: Nach innen – auf Parteitagen, Gewerkschaftskongressen oder Kirchentagen – wird sie beschworen. Nach außen wird sie überall gefordert: nach vorne, um die nachfolgenden Generationen solidarisch zu behandeln, zurück, um den Senioren die Rente zu sichern. Und überhaupt mit allem und jedem ist Solidarität einzuüben. Heute hat der Begriff der Solidarität oft einen faden Beigeschmack, ist in Deutschland das Solidaritätsprinzip doch institutionalisiert und verstaatlicht worden. Solidarisch erklärt man sich zwangsweise, durch Abgabe des Solidaritätszuschlags oder die gesetzliche Altersvorsorge. Im Laufe der Zeit ist aber der Aspekt der Freiwilligkeit abhanden gekommen. Nicht freiwillige Zuwendung aus Überzeugung, sondern Zwangsabgabe an den Staat prägt heute das Bild des Wertes Solidarität. Solidarität mit anderen durch Verpflichtung oder Zwang aber verliert an Bedeutung, denn der Begriff der Solidarität impliziert bereits Freiwilligkeit.

So sollte Solidarität heute verstanden werden als ein Zusammengehörigkeitsgefühl, das sich aus freien Stücken konstituiert und dazu dient, gemeinsame Ziele zu erreichen. Allerdings ist dieser Grundsatz immer im Zusammenhang mit dem der Subsidiarität zu sehen: Erst wenn der Einzelne das anvisierte Ziel nicht erreichen kann, soll er auf die Kraft der Gemeinschaft zurückgreifen. Wer Solidarität fordert, muss auch bereit sein, seinen eigenen Beitrag zu leisten. Insofern steht der Wert der Solidarität in direktem Zusammenhang mit der Eigenverantwortung jedes Einzelnen. Nur wer in der Lage ist, für sich selbst eigenverantwortlich zu handeln, ist auch in der Lage, für seine Mitmenschen Verantwortung zu übernehmen und Solidarität zu leben. Hier ist kein Raum für Trittbrettfahrer. Eine Gemeinschaft kann nur dann funktionieren, wenn der Einzelne bereit ist, eigenverantwortlich zu handeln und sein Schicksal nicht in die Hände des Staates zu legen. Daneben aber steht die solidarische Überzeugung, nicht nur für sich selbst, sondern auch für andere (mit)verantwortlich zu sein.

Im Familien- und engen Freundeskreis ist Solidarität oft selbstverständlich. Schwierig wird es, wenn man abstrakte Solidarität einfordert. Daher war ein besonders positives Beispiel im gesellschaftlichen Sinne die erlebte Solidarität im Rahmen der Flutkatastrophe in Ostdeutschland im Jahre 2002 gewesen. Hier warteten die Menschen nicht auf Hilfe vom Staat, sondern viele haben nach Erscheinen der ersten Fernsehbilder mit angepackt, sind oft sehr weite Strecken bis in die betroffenen Gebiete gefahren, um Sandsäcke zu schleppen oder Keller auszupumpen. Sie haben dies nicht gemacht, weil sie dazu gezwungen wurden, sondern freiwillig, um diejenigen zu unterstützen, die von der Katastrophe betroffen waren, sie handelten solidarisch.

Dass es sich bei der Solidarität um einen der wichtigsten Werte überhaupt handelt, wird nicht zuletzt durch ihre Aufnahme in den Wertekatalog der zurzeit von den Mitgliedstaaten zu ratifizierenden EU-Verfassung belegt. Die Achtung dieses Wertes ist unerlässliche Voraussetzung für den Beitritt eines neuen Mitgliedstaates zur

Union, und seine Verletzung kann zur Aussetzung der mit der Zugehörigkeit zur Union verbundenen Rechte führen.

Solidarität und Eigenverantwortung müssen zusammen gedacht werden. Der individuelle Entscheidungsspielraum des Einzelnen muss erweitert werden: mehr individuelle Souveränität und Autonomie sowie Bereitschaft, Verantwortung zu übernehmen. Dies ist nicht das Gegenteil von, sondern die Voraussetzung für wirksame Solidarität mit schwächeren Menschen. Solidarität wiederum ist Voraussetzung dafür, dass Menschen in Eigenverantwortung leben können.

Performance

Dr. Martin Steinbach und Stefanie Unger

Performance als klassischer Wert

Dr. Martin Steinbach

Zunächst kurz etwas Generelles: Über Anglizismen lässt sich leicht die Nase rümpfen. Wer allerdings im Wirtschaftsleben auf internationaler Ebene agiert, benutzt die englische Sprache völlig selbstverständlich – sie ist wie der erste Kaffee morgens im Büro: lebenswichtig. Viele englische Begriffe haben schon deshalb eine Daseinsberechtigung in unserer Wirtschaftssprache, weil ihr Bedeutungshorizont umfänglicher ist als der des deutschen Äquivalents. In diese Kategorie gehört der Begriff »Performance«. Er meint mehr als das deutsche Wort »Leistung«. Als Performance bezeichnet man alle Faktoren, die zusammen genommen einem Auftraggeber oder einem Kunden nutzen. Von Performance als Wert spricht man sinnvollerweise zunächst in Perspektive auf den erreichten Nutzen und dann in Hinsicht auf die erbrachte Leistung.

Dem widerspricht nicht, dass die Performance eines Unternehmens natürlich auf den individuellen Leistungen oder Leistungsbeiträgen einzelner Mitarbeiter basiert. Entscheidend dabei sind die Befähigung und der Ausbildungsstand (Know-how, analytisches Denken, soziale Kompetenzen et cetera), aber auch die Motivation, die zu einer bestimmten Leistung führt. Leistungsbereitschaft und Leistungsfähigkeit sind zwar bei jedem Menschen verschieden, doch in Unternehmen gibt es Faktoren, die die Performance beeinflussen können: Arbeitsprozesse, Arbeitsumgebung, Kommunikation, Personalauswahl und -entwicklung, Belohnungs- und Anreizsysteme.

Wie kann ein Unternehmen seine Performance verbessern? Das ist eine zentrale Frage für jede Führungskraft – oder sie sollte es zumindest sein. Denn eine gute Performance der Mitarbeiter sichert den Erfolg und die Perspektiven eines Unternehmens. Der Herausforderung kann man sich im Duktus betriebswirtschaftlicher Theoriebildung nähern. So etwa: Die Performance einer Organisation ist immer das Resultierende aus dem Zusammenspiel der zentralen Systemparameter. Sind alle diese Einflussgrößen optimal aufeinander eingestellt, dann arbeitet auch das Gesamtsystem optimal. Zu berücksichtigen dabei sind

1) die Steuerelemente: Ziele, Information, Führungsverhalten;
2) das Niveau der Leistungsermöglicher: Arbeitsdesign, Ressourcen, Management;
3) die Leistungstreiber.

Die Deutsche Börse AG hat zusätzlich einen direkteren, suggestiveren Weg eingeschlagen und appelliert an jeden Mitarbeiter: Create! – Initiate! – Achieve! – Improve!

Wo leistet die Deutsche Börse eine besondere Performance? Hier drängt sich ein Beispiel auf: die Ablösung des traditionellen Börsenhandels durch elektronische Handelssysteme.

Börsen gehörten lange Zeit zu den beständigsten Unternehmen der Wirtschaftsgeschichte. Vom 16. Jahrhundert, in dem die ersten Börsen gegründet wurden, bis in die achtziger Jahre des 20. Jahrhunderts hat sich kaum etwas geändert an der Art und Weise, in der Börsengeschäfte gemacht, Preise festgestellt und Transaktionen abgewickelt wurden. Ein exklusiver Kreis von Käufern und Verkäufern traf sich an einem bestimmten Ort – meist in einem stattlichen Gebäude –, sie feilschten ein paar Stunden täglich um Preise, Liefermenge und Konditionen, dann gingen sie einträchtig wieder nach Hause. Gehandelt wurde auf Zuruf, kein Handel ohne Händlerpräsenz auf dem so genannten »Börsenparkett«.

Heute zählen Börsen zu den innovativsten Unternehmen der Finanzindustrie. In den vergangenen 15 Jahren haben der elektronische Zugriff auf Handelssysteme (Remote Access) und offene Orderbücher den Preisbildungsprozess revolutioniert. Die elektronische Börse ist standortunabhängig: Gehandelt wird überall, wo Handelsbildschirme stehen.

Früher und konsequenter als andere Börsenorganisationen hat die Deutsche Börse auf die vollständige Elektronisierung ihrer Handels- und Abwicklungsprozesse gesetzt. Ein Beispiel ist Xetra, die elektronische Plattform für den Wertpapierhandel. Am 28. November 1997, dem ersten Betriebstag, nahmen 221 Teilnehmer aus sieben Ländern den Handel auf und schlossen 4 934 Geschäfte ab. Heute, acht Jahre später, sind fast 300 Teilnehmer in 18 Ländern an das Netzwerk angeschlossen. In Spitzenzeiten werden auf Xetra mehr als 300 000 Geschäfte pro Tag gemacht, die Zuverlässigkeit des Systems misst sich in Größen von 99,98 Prozent. Davon profitieren in erster Linie die Marktteilnehmer: Mit der Automatisierung sind die Transaktionskosten drastisch gesunken. Zudem macht das »offene Orderbuch« den Markt transparent, alle Teilnehmer handeln jetzt zu gleich fairen und gleich günstigen Bedingungen.

Anders gesagt: Mit der Einführung des elektronischen Handels hat die Deutsche Börse den Kundennutzen – und damit die Performance – exponentiell gesteigert. Informationstechnologie ist heute ein Schlüssel im Wettbewerb der internationalen Finanzmärkte. Die Deutsche Börse ist Marktplatzorganisator und zugleich Technologiedienstleister: Damit hat sie auch die Weichen für die Zukunft des Unternehmens gestellt. Ausschlaggebend war eine strategische Entscheidung, diszipliniert umgesetzt wurde sie von leistungsfähigen und leistungsbereiten Mitarbeitern, also Menschen mit einer hohen Performance.

Gedanken zum Thema Performance

Stefanie Unger

Wenn man über Performance diskutiert, taucht die Frage auf, ob das mit Performance bezeichnete Verhalten quantitativ messbar ist, und wenn ja, wie es gemessen werden kann.

Im Aprilheft des Jahres 2004 der Zeitschrift *StadtAnsichten*, das die Frage der Leistung diskutiert, äußert sich der Künstler Ingo Günther folgendermaßen: »Menschliche Leistungen lassen sich nicht in Zahlen fassen. Leistung ist ein kulturell subjektiver Begriff.« Diese Aussage kann mit guten Gründen bezweifelt werden. Der Autor vergleicht in seinem Beitrag den Begriff der Leistung mit den englischen Wörtern »Performance«, »Output«, »Efficiency« und »Effort«. Da »Leistung« im Englischen mit »Performance« übersetzt wird, ist dieser Zusammenhang unzweifelhaft. Mit dem Wort »Output« verbinde ich jedoch einen Begriff, der sich auf objektiv messbare Sachverhalte bezieht. »Efficiency« würden wir mit dem deutschen Wort »Effizienz« beschreiben. Dieser Begriff zielt auf die Relation zwischen Kosten und Ertrag. Der englische Begriff »Effort« wiederum steht meinem Verständnis nach für das deutsche Wort »Einsatz«. Er artikuliert somit, dass jemand bemüht ist, etwas zu erreichen oder zum Gelingen von etwas beizutragen. Daher ist zu fragen: Ist mit dem Begriff Performance »Leistung« im Sinne einer objektiv messbaren Größe gemeint oder die Bereitschaft zur Leistung, also eine Einstellung oder Tugend, die nicht leicht quantitativ gemessen werden kann? Weiter ist zu fragen: Wo fängt »Leistung« an? Wann wird sie anerkannt? Wo finden wir den Anschluss an ihre objektive Messbarkeit?

In derselben Zeitschrift äußert sich der Wirtschaftspublizist Detlef Fürtler wie folgt: »Für Karl Marx war es noch völlig klar, dass Arbeiter niemals mehr Lohn bekommen werden, als sie gerade so zum Überleben brauchen. Heute ist ebenso völlig klar, dass Arbeitnehmer gemäß ihrer Produktivität, also nach Leistung, bezahlt werden.« Wenn diese Behauptung zutrifft, dann folgt, dass die Leistung objektiv messbar sein muss.

Welche der beiden oben genannten Aussagen ist also richtig? Die von Ingo Günther oder die von Detlef Fürtler? Und: Ist Leistung quantitativ messbar oder nicht? Sowie: Beschreibt Performance eher die subjektive Seite der Leistungsbereitschaft beziehungsweise der Leistungsorientierung oder die objektive Seite des Leistungsergebnisses? Ich vertrete die Auffassung, dass die Einstellung der Leistungsbereitschaft oder die Tugend der Leistungsorientierung eine zentrale Bedeutung für das Handeln im Zusammenhang der Wirtschaftsunternehmen, aber auch in der Gesellschaft als Ganzes, besitzen. Denn würden Leistungsbereitschaft oder Leistungsorientierung nicht als Wert geschätzt werden, so könnte man auch zu dem unsinnigen Schluss kommen, dass es bei der Erfüllung eines Arbeitsauftrags nur darauf ankommen könnte, dass ein Mitarbeiter im Betrieb seine Stunden absitzt. Das aber wäre fatal! Es kommt hinzu, dass man gewisse Aufgaben nur »machen« oder »nicht machen« kann, die Aufgabenerfüllung quantitativ schwer messbar ist. Gerade bei solchen Aufgaben ist die Einstellung zur Leistung oder die Leistungsbereitschaft von besonderer Bedeutung, da bei ihnen ein Kriterium objektiver Messbarkeit fehlt und somit auch nicht als ein äußeres Druckmittel eingesetzt werden kann.

Es ist aber auch möglich, dass in einem bestimmten Handlungszusammenhang jemand alles ihm Mögliche tut und doch nicht zu dem gewünschten Ergebnis kommt, also nach dem Kriterium einer objektiven Leistungsbemessung sein Ziel verfehlt. Das kann bisweilen an Zufällen liegen oder an widrigen Umständen, manchmal auch an politischen Rahmenbedingungen. Es kann aber auch daran liegen, dass das gewählte Handlungsziel so gewählt wurde, dass es für jemanden zu schwer oder zu groß war. Aber es kann auch daran liegen, dass jemand in seinem Handeln ungeschickt vorgeht. Vielfach lässt sich ein genauer Grund nicht ermitteln, weshalb trotz hinreichender Leistungsbereitschaft Ziele nicht erreicht werden.

In einer Diskussionsrunde des Steuerungskreises der Wertekommission war der Wert der Performance ein emotional besonders besetztes Thema. In unseren Debatten ging es darum, ob Performance in unsere Auswahlliste der grundlegenden Werte aufgenommen wird oder nicht. Nach längerer Debatte haben wir uns schließlich darauf geeinigt, die Haltung der Leistungsbereitschaft als eine nachgeordnete Tugend in unserem Wertekatalog aufzunehmen, nicht aber den Begriff der »Leistung«. Damit machen wir deutlich, dass Situationen im Unternehmen und in der Gesellschaft denkbar sind, bei denen ein Arbeitsergebnis oder Betriebsziel nicht erreicht werden kann, selbst wenn die Bereitschaft auf Seiten der Handelnden besteht, sich mit aller Kraft für das Handlungsziel einzusetzen. Die Leistungsbereitschaft muss in diesem Zusammenhang als positiver Indikator oder Wert bezeichnet werden.

Auch wenn ich diese Argumentation für grundsätzlich richtig halte, ist die Frage erlaubt, ob es für unsere Wirtschaft und Gesellschaft akzeptabel ist, dass wir uns mit der Haltung oder Einstellung der Leistungsbereitschaft zufrieden geben, anstelle messbarer Leistungsergebnisse. In den offenen Handlungszusammenhängen der Wirtschaft und der Gesellschaft ist mit der Formulierung von klaren Handlungszielen und der Erwartung, diese Ziele auch zu erreichen, zugleich ein Standard für richtiges Handeln gesetzt, und es ist in diesem Zusammenhang meine kritische Frage, ob wir bereit sind, diese Standards aufzuweichen.

»Leistung«, verstanden als ein quantitativ messbarer Wert der Arbeitsproduktivität, erscheint vielfach als einfach messbar und somit als allgemein nachvollziehbare Größe. Was aber ist mit den Bereichen, in denen Leistung, wenn überhaupt, nur indirekt gemessen werden kann? Je komplexer eine Transaktion ist, je mehr Personen involviert sind, desto schwieriger wird diese Rechnung. »Leistung« ist in diesen Zusammenhängen nur schwer messbar, soweit wir sie einzelnen Personen zuordnen wollen. Der Faktor der Leistungsbereitschaft gewinnt hier an Bedeutung. Dies hat wichtige Auswirkungen auf die Frage der Unternehmensführung und der Motivation der Mitarbeiter.

Was also ist mein Fazit zum hier vertretenen Wert der Performance? Ich bin der festen Überzeugung, dass dieser Wert gerade in Deutschland zunehmend eine bedeutende Rolle spielt. International ist Performance schon als ein zentraler Wert erkannt worden, als ein »Kernwert«, der – genau wie die Regeln des Wettbewerbs – vielfach hart und brutal durchgesetzt wird. Man spielt in der Liga der »Performer« oder nicht. Andererseits hat Performance auch eine subjektive Komponente, das heißt, von Performance muss auch im Sinne einer subjektiven Handlungsbereitschaft oder einer Einstellung gesprochen werden. Nehmen wir das Beispiel der Olympischen Spiele: Hat ein Läufer, der im Marathonlauf den vierten Platz erreichte und somit keine Medaille erhielt, etwa nicht eine große Leistung erbracht? Ich denke, die meisten werden auf diese Frage mit Zustimmung reagieren. Für mich ist es keine Frage, dass dieser Läufer auch eine Höchstleistung gezeigt hat und somit eine gute Performance. Dieser Fall ist ein gutes Beispiel für jemanden, der ein gewünschtes Ergebnis oder Handlungsziel nicht erreicht, aber dennoch eine große Leistung erbracht hat. Daran wird deutlich, dass die Bedeutung des Begriffs der Performance als ein Wert oder eine Tugend vom jeweiligen Einzelfall abhängig ist. Im Zusammenhang des unternehmerischen Handelns hat die Frage der Performance auch viel mit dem Führungsstil im Unternehmen und der allgemeinen Wirtschaftslage zu tun. Die Anerkennung von »Leistung« und auch von Leistungsbereitschaft sollte jedenfalls in der Praxis der Unternehmen stets eine große Bedeutung besitzen.

Zuverlässigkeit – Ein Wert, der an Wert verloren hat?

Dr. Christoph Weber

Zuverlässigkeit ist der Umfang, in dem von einem System erwartet werden kann, dass es die beabsichtigte Funktion mit der erforderlichen Genauigkeit ausführt. Sie umfasst Korrektheit, Robustheit und Ausfallsicherheit (nach Wikipedia). Diese eher technische Definition ist auch auf den Menschen übertragbar. Zuverlässigkeit zählt zu den Sekundärtugenden, die wir bei anderen Menschen schätzen, über deren Fehlen wir bei uns selbst jedoch gerne hinwegsehen. Der Stellenwert dieser Sekundärtugenden wird durch den gesellschaftlichen Kontext geprägt; insofern ist die Bedeutung der Zuverlässigkeit – und damit auch die Empfindung bei Unzuverlässigkeit – international sehr verschieden.

Zuverlässigkeit im Zusammenhang mit dem Wertesystem eines Unternehmens kann sich beziehen auf das Verhältnis zum Kunden, auf die verkauften Produkte oder Dienstleistungen und auf »Produktionsfaktoren« wie Mitarbeiter und Lieferanten. Man verlässt sich darauf, dass etwas (so) funktioniert (wie man es erwartet). Unzuverlässigkeit wird damit erst mit negativer Empfindung – Enttäuschung, Ärger, Wut – sanktioniert, wenn die Erwartungen mehr oder weniger stark verfehlt werden. Die Erwartungshaltung kann jedoch durch Kommunikation auf ein realistisches Maß korrigiert werden, so dass keine »Erwartungslücke« entsteht. Zuverlässigkeit wird begrenzt durch tolerierte Fehler, die für ein angemessenes Kosten-Nutzen-Verhältnis unabdingbar sind. Die persönliche Einschätzung zur Zuverlässigkeit zum Beispiel eines Produktes oder einer Person bildet sich erst durch Erfahrungen heraus. In der Regel führt eine einmalige oder seltene »Fehlfunktion« nur zu begrenzbarem Schaden.

Zuverlässigkeit innerhalb des Unternehmens schafft Vertrauen und gewährt Sicherheit. Wird eine Aufgabe vom Vorgesetzten an einen Mitarbeiter delegiert, so soll diese korrekt und in angemessener Zeit erledigt werden. Ohne das Vertrauen und das Wissen, einen zuverlässigen Mitarbeiter zu haben, der den Anforderungen gerecht wird und die ihm übertragenen Aufgaben gewissenhaft ausführt, ist das Delegieren mit hoher Unsicherheit und damit einhergehendem Kontrollaufwand verbunden. Insofern ist die zuverlässige Erledigung von Aufgaben unabdingbar für das effiziente Zusammenwirken in einer arbeitsteiligen Organisation. Unzuverlässige Mitarbeiter erhöhen das Fehlerpotenzial und bewirken – um Fehler zu vermeiden – einen hohen Kontroll- und Überwachungsaufwand. Gegebenenfalls sind Nacharbeiten erforderlich, so dass sich noch andere Mitarbeiter in die Materie einarbeiten müssen. Doch die Unzuverlässigkeit ist nicht immer selbst verursacht. Arbeitsüberlastung, ob mengenbedingt oder durch fachliche Überforderung, zwingt Mitarbeiter dazu, Prioritäten zu setzen und gewisse, niedriger priorisierte Aufgaben überhaupt nicht oder nicht mit der erforderlichen Gewissenhaftigkeit zu erledigen. Auch organisatorische Schwächen, entweder durch unklare Aufgabenabgrenzung oder Überregulierung zum Beispiel in Form von Arbeitsanweisungen, die für den Einzelnen nicht mehr überschaubar sind, können zu einer unzuverlässigen Arbeitsweise führen. Ein vom Charakter her zuverlässiger Mitarbeiter gerät damit in eine Stresssituation, wenn er seine Aufgaben nicht mit der Zuverlässigkeit erledigen kann, die er von sich selbst fordert.

Nicht nur ein Vorgesetzter verlangt von seinen Mitarbeitern Zuverlässigkeit, auch der Mitarbeiter kann keine optimale Leistung bringen, ohne sich auf die Zuverlässigkeit anderer Mitarbeiter zu verlassen. Dies gilt insbesondere für Teamarbeit. Hier stellt sich die Frage, wie das Team alle Mitglieder disziplinieren kann, denn hier zählt das Gesamtergebnis, ein schwaches Ergebnis fällt auf alle zurück. Vielleicht ist es aber gerade im Team besser möglich, durch geschickte Aufgabenverteilung unzuverlässige Mitarbeiter zu kompensieren. Beispielsweise kann ein genialer Denker, der umständlich arbeitet, sich nicht an Regeln hält und unpünktlich ist, als Innovator und Ideengeber eine ideale Ergänzung darstellen.

Auch der Mitarbeiter erwartet von seinem Vorgesetzten ein zuverlässiges Verhalten. Werden Absprachen nicht gehalten beziehungsweise Versprechen nicht eingelöst, kann Frustration aufkommen und die Motivation und damit die Arbeitsleistung leiden.

Da die Zuverlässigkeit eines Unternehmens im Verhältnis zur Außenwelt (Kunden, Lieferanten, Umwelt, Öffentlichkeit) unzweifelhaft hohe Bedeutung hat, diese aber die Innenwelt eines Unternehmens und seiner Mitarbeiter reflektiert, soll die Außenwelt hier nicht weiter diskutiert werden. Jedoch sei darauf hingewiesen, dass gerade die Außenwirkung leichter messbar ist, zum Beispiel Qualitätsmängel, Beschwerden, Antwort- und Bearbeitungszeiten.

Einige Probleme und Chancen habe ich bereits umrissen, doch warum ist mir dieser Wert so wichtig, dass ich hier darüber schreibe? Ich meine, dass ein Unternehmen nur dann gut »funktioniert«, wenn die Zusammenarbeit klappt. Und für eine gute Zusammenarbeit hat die Zuverlässigkeit für mich einen hohen Stellenwert. Unabhängig von persönlichen Neigungen oder Abneigungen gehört die Zuverlässigkeit zu einer professionellen Arbeitsweise. Um selbst eine gute Leistung zu bringen und gesetzte Ziele zu erreichen, muss ich mich auch auf andere verlassen können. So möchte ich mich darauf verlassen können, dass

- mein Vorgesetzter zeitnah Entscheidungen trifft und ich Probleme bewältigen kann.
- ich alle für meine Arbeit erforderlichen Informationen zur Verfügung habe beziehungsweise beschaffen kann.
- andere Mitarbeiter nach Kräften mitwirken und nicht blockieren oder verschleppen.
- die Ergebnisse meiner Arbeit sinnvoll verwendet werden.

Wenn dies zumindest annähernd gegeben ist, kann ich voller Tatkraft und motiviert arbeiten.

Ich bin bei der Landesbank Hessen-Thüringen (Helaba) im Bereich Bilanzen und Steuern zuständig für Grundsatzfragen. In der täglichen Arbeit handelt es sich überwiegend um Projektarbeit. Aktuell stellen wir – wie viele andere Unternehmen auch – das Rechnungswesen auf die Berichterstattung nach International Financial Reporting Standards um. Dies ist fachlich anspruchsvoll, aber noch entscheidender für den erfolgreichen Abschluss des Projektes sind Themen wie die fachbereichsübergreifende Zusammenarbeit einschließlich Problemlösungskompetenz (und -willen), der Know-how-Transfer, präzise und klar definierte Vorgaben für die technische Umsetzung, schnelle, aber auch tragfähige Entscheidungen, das Einhalten von Terminen et cetera. Es kommt damit auf das zielgerichtete Zusammenwirken vieler Beteiligter an, und das kann ohne zuverlässige Arbeitsweise nicht funktionieren. Vor meiner Tätigkeit bei der Helaba war ich bei einer Wirtschaftsprüfungsgesellschaft beschäftigt. Die Zuverlässigkeit der Mitarbeiter im Prüfungsbereich ist ein wesentlicher Erfolgsfaktor.

Die Prüfung eines Jahresabschlusses ist Teamarbeit. Die Termine sind klar definiert und unumstößlich. Die Zeit ist knapp, weil kurz nach Erstellung des Jahresabschlusses Zahlen veröffentlicht werden. Jeder Beteiligte bekommt Prüfungsfelder zugewiesen. Feststellungen sind unverzüglich an den zuständigen Manager weiterzugeben, der dies gegebenenfalls unter Einbindung des Partners abwägt und mit dem Mandanten bespricht. Dazu kommt, dass neben fachlicher Qualifikation auch diplomatisches Geschick im Umgang mit dem Mandanten gefragt ist. Das gesamte Prüfungsteam ist auf die Zuverlässigkeit jedes einzelnen Mitglieds angewiesen. Das gemeinschaftliche Ergebnis einer Prüfung ist der Prüfungsbericht. Wenn hier etwas schief geht, indem Informationen nicht weitergegeben, Termine nicht gehalten werden, Berichtsteile unverständlich sind oder sprachliche Schwächen aufweisen, nicht ausreichend genau recherchiert wurde und falsche Schlussfolgerungen getroffen wurden, dann droht der Entzug des Mandats, gegebenenfalls folgen Haftungsansprüche gegenüber der Prüfungsgesellschaft und/oder ein Reputationsverlust, der zum Verlust weiterer Mandate führen kann, beziehungsweise es können keine neuen Mandate gewonnen werden. Wenn sich eine unzuverlässige Arbeitsweise auf das Arbeitsergebnis einschließlich gesetzter Termine auswirkt, wird das Vertrauen des Mandanten geschädigt. Dies kann personelle Konsequenzen nach sich ziehen.

Nun noch ein fiktives Gedankenspiel: Das elektronische Postfach läuft über, der Schreibtisch ist voll. Alles komplexe Sachverhalte, ausgedruckt und in verschiedenen Stapeln und bestenfalls nach Wichtigkeit sortiert. Der Mitarbeiter, nennen wir ihn Herbert, kann sich nicht mehr um alles kümmern und lässt auch eilige Terminsachen liegen. Klarer Fall von Überlastung. Die Zuverlässigkeit leidet. Die serviceorientierte Arbeitsweise, alle gleichermaßen zu bedienen und dazu noch unverzüglich und mit höchster Qualität, bringt Herbert in Bedrängnis. Zumal Herbert die Arbeit quasi anzieht, weil andere gute Erfahrungen gemacht haben und merken: Mit dem Herbert kommt man voran. Hier gilt es maßvoll gegenzusteuern. Herbert würde dies nicht maßvoll tun, indem er alles, was nach Arbeit oder Verantwortung riecht, mit irgendwelchen Ausflüchten ablehnt. Herbert könnte auch nach dem Auftraggeber priorisieren. Nur die Aufträge seines Vorgesetzten werden zuverlässig bearbeitet. Der hat schließlich auch großen Einfluss auf die persönliche Entwicklung und das Gehalt. Um hier voranzukommen, sind andere genötigt, über den Vorgesetzten von Herbert Druck auszuüben. Auch dies ist nicht effizient, da der Vorgesetzte dann sehr viele Detailfragen auf den Tisch bekommt und unverhältnismäßig viele Entscheidungen treffen muss. Außerdem wägt auch der Mitarbeiter, der unter der Unzuverlässigkeit von Herbert zu leiden hat, ab, ob die Sache wichtig genug ist, den Vorgesetzten einzuschalten, und ob dies zu einer Verstärkung der Probleme führen wird. Wenn die Einschaltung des Vorgesetzten den Beigeschmack des Anschwärzens oder Vorführens hat, ist damit zu rechnen, dass sich der Widerstand manifestiert und die zukünftige Zusammenarbeit mit Herbert noch schwieriger wird. Herbert könnte auch autark nach persönlicher Einschätzung priorisieren. Bestimmte Arbeiten machen ihm mehr Spaß und andere sind eher lästig. Oder Herbert glaubt zu wissen, was für das Unternehmen als Ganzes bedeutender ist. Auch dieses Verhalten ist suboptimal, wenn Herbert einen weniger guten Gesamtüberblick hat als sein Vorgesetzter.

Konkrete Lösungsvorschläge bei mangelnder Zuverlässigkeit zu bieten, ist schwer, da es sehr auf den Sachverhalt ankommt. Aus meiner Sicht entscheidend ist die offene Kommunikation. Wenn die Unzuverlässigkeit aus einer nachlässigen Haltung des Mitarbeiters resultiert, so muss ihm klar die Erwartungshaltung vermittelt werden. Dies wirkt präventiv. Insofern kann eine persönliche Auseinandersetzung, vielleicht auch ein emotional geführter Streit, hilfreich sein für eine zukünftig professionelle Zusammenarbeit. Im Fall der Überlastung ist zunächst der Mitarbeiter gefordert, der seinem Vorgesetzten mitteilen muss, dass er die Arbeit nicht mehr bewältigen kann. Dann kann gemeinsam nach Lösungsmöglichkeiten gesucht werden. Diese können beispielsweise sein: bessere Arbeitsorganisation beziehungsweise Prozessoptimierung, technische Unterstützung durch Automatisierung, Verteilung der Arbeit auf Kollegen bei gleichzeitigem Know-how-Transfer, personelle Verstärkung und Reduzierung der Genauigkeit auf das notwendige Maß.

Das ständige Bemühen um Zuverlässigkeit hat meines Erachtens unmittelbare Auswirkung auf die Effizienz einer Organisation und auf den Geschäftserfolg.

Courage – Einen Standpunkt beziehen und offenbaren, wofür man steht

Marc Hamer

Es gibt viele Persönlichkeiten, von denen man behauptet, dass sie Mut beziehungsweise Courage hatten. Was ist eigentlich Courage? Was bewegt Menschen zu dieser Eigenschaft? Warum brauchen wir Courage in unserer Gesellschaft?

Naturwissenschaftler würden auf die Frage, was Courage ist, eventuell antworten: »Alles nur Chemie!«. Das stimmt sicherlich. Letztendlich ist alles nur Chemie, wir Menschen auch. Aber diese Antwort hilft uns hier sicherlich nicht weiter, sonst bräuchten wir uns über gar nichts mehr Gedanken zu machen. Jeder hat bestimmt schon einmal das Gefühl gehabt, sich irgendetwas nicht zu trauen. In so einer Situation hat man also Angst. Ist Mut eine Überwindung der Angst? Laut Definition schon.

Reinhold Messner, der alle 14 Achttausender der Erde bestiegen hat, ist schon zu seiner Lebenszeit eine Legende und Inbegriff eines mutigen Menschen. Als Antwort auf die Frage, wie Mut und Angst zusammenhängen, äußerte er sich einmal folgendermaßen: »Es ist auch nicht so, dass wir Angst vom Mut trennen können. Mut und Angst sind zwei Hälften von einem unteilbaren Ganzen. Beide bedingen sich gegenseitig.« Mut schließt also Angst nicht aus, sondern überwindet sie in diesem Moment.

Was ist in einer solchen Situation die treibende Kraft? Angst hat fast jeder vor irgendetwas, Mut haben jedoch nur wenige Persönlichkeiten. Demnach können nur wenige Leute mit ihrer Angst umgehen und sie in bestimmten Situationen überwinden. Entwickeln sich mutige Menschen eher zu Menschen, die eine Veränderung in der Gesellschaft bewirken?

An dieser Stelle muss man vorher noch den Unterschied zwischen Mut und Leichtsinn klarstellen. Wenn ich hier von Courage spreche, dann ist nicht der »mutige« Jugendliche gemeint, der ohne Kenntnis über die Wassertiefe von einer Klippe in das Meer springt und dabei Gefahr läuft, sich das Genick zu brechen. Das ist

Leichtsinn. Ich spreche hier von Mut, der aus einer tiefen Überzeugung kommt.

Sophie Scholl war beispielsweise schon als kleines Kind sehr mutig. Als ihre Schwester vom Lehrer zwangsversetzt wurde, empörte das die neunjährige Sophie. Sie setzte sich für ihre Schwester ein, so dass sie wieder auf ihren alten Platz kam. Als ihr Vater wegen seiner Anti-Hitler-Einstellung ins Gefängnis kam, stellte sich Sophie mit ihrer Flöte vor das Zellenfenster und spielte »Die Gedanken sind frei«. Mit 19 Jahren riskierte sie dann im Aufstand gegen Hitler ihr Leben und wurde zum Tode verurteilt. In einem Flugblatt der »Weißen Rose« schrieb sie: »Seid mutig. Man muss nicht nur dagegen sein, man muss auch etwas tun.«

Man muss also auch etwas tun. Es reicht nicht nur, die Absicht zu zeigen. Da wären wir schon bei einem fundamentalen Problem unserer Gesellschaft. Wo sind die Mutigen, die aus tiefer Überzeugung Veränderungen einleiten und auch durchsetzen? Warum befinden wir uns in einer Art »Winterschlaf«, warm gebettet in unser soziales Netz, von den großen Denkern und Dichtern Deutschlands schwärmend und vom Ruf der Deutschen als »zuverlässige und gute« Arbeiter zehrend? Keiner will heute die wahren Fakten hören: wirtschaftliche Talfahrt seit Jahren; das Bildungsniveau an Schulen so schlecht wie fast keines in Europa; Staatsverschuldung; Wohlstand auf Kosten der nachfolgenden Generationen; lähmende Bürokratie; teilweise visionslose Politik; Bildung, die durch Talkshows am Nachmittag und Skandalblätter geprägt wird; ein Rentensystem, welches schon kurze Zeit nach der Gründung zum Scheitern verurteilt war; die Liste geht noch viel weiter. Aber keiner will es wahrhaben.

Hinzu kommt die Tatsache, dass die Politiker nicht die Courage haben, die Fakten auf den Tisch zu legen, es könnte ja Wählerstimmen kosten. Die Angst vor den persönlichen Konsequenzen überwiegt den Patriotismus, den Idealismus der Überzeugung an der Sache, für die man steht. Diese Eigenschaften sind jedoch alles Werte, die fundamental für eine Gesellschaft sind.

Bundespräsident Horst Köhler hat im Jahr 2004 folgenden Appell ausgesprochen: »Deutschland soll ein Land der Ideen werden ... das ist nach meiner Vorstellung, Neugier und Experimentieren. Das ist in allen Lebensbereichen Mut, Kreativität, Lust auf Neues, ohne Altes und Alte auszugrenzen.«

Das Potenzial haben wir, das haben wir schon mehrmals bewiesen. Es fehlt leider nur an dem Mut, uns offen und ehrlich einzugestehen, dass wir jetzt was machen und auch die Konsequenzen dafür tragen müssen.

Warum hat dieses tolle, kultur- und traditionsreiche sowie wirtschaftlich starke Land mit seiner leistungsfähigen Bevölkerung eine solche Angst vor Veränderungen? Wir dürfen nicht mit dem Veränderungsprozess warten, bis es fast schon zu spät ist.

Dafür brauchen wir Courage!

4.2 – Zur Bedeutung des Wertemanagements

Die Bedeutung des Wertemangements

Jens Unger

Werte im 21. Jahrhundert: Notwendigkeit und Effekte wertorientierter Führung aus wissenschaftlicher Perspektive

Eine ganze Reihe von Wissenschaftsdisziplinen – darunter die Betriebswirtschaftslehre, die Soziologie und die Psychologie – befassen sich mit der Analyse und Prädiktion organisationaler Erfolgsfaktoren. Hier haben insbesondere der Wertewandel in den letzten Jahrzehnten, neue Erwartungen des Mitarbeiters an die Arbeit sowie zunehmende Komplexität und Dynamik in den Organisationen auch zu einem zunehmenden Interesse der Wissenschaft am Thema Werte geführt. Dabei ist das Thema Vertrauen zu einem Schlüsselkonzept in der angewandten Psychologie und verwandten Wissenschaftsdisziplinen avanciert.[8] Zentral ist das Thema Werte in der Diskussion um neue, effektive Führungsstile. Die Zentralität haben auch Führungskräfte selbst erkannt. So bezeichnete Lord Griffiths, Vice Chairman von Goldman Sachs, auf dem alljährlichen ISC-Symposium (International Students Committee-Symposium) mit 700 geladenen Topmanagern und Unternehmern in St. Gallen Werte als die vierte Dimension der Unternehmensführung. Der emotionale Konsens der Mitarbeiter, so Griffiths, unterscheide erfolgreiche von weniger erfolgreichen Firmen: »Gemeinsame Werte sind der Turbolader der Besten.«[9] Aus wissenschaftlicher Sicht können Werte grob definiert werden als »wünschenswerte transsituationale Ziele, die in unterschiedlicher Wichtigkeit als Leitlinien im Leben der Menschen variieren«.[10] Eine alternative Definition stammt von Rokeach (1973), der zwischen Werten als erstrebenswertem Endzustand und instrumentellen Werten als bevorzugte Verhaltensweisen oder Wege und Mittel, solche Endzustände zu erreichen, unterscheidet. In unserer Diskussion geht es vorwiegend um instrumentelle Werte mit dem Endzustand des Erfolges für Organisation und Mitarbeiter.

Werte werden in Organisationen von Menschen wahrgenommen, internalisiert und gelebt. Sie sind Bestandteil des jeweiligen Organisationsklimas oder der Kultur einer Organisation von Menschen.[11] Im Folgenden diskutieren wir die Bedeutung von Werten am Arbeitsplatz aus arbeits- und organisationspsychologischer Perspektive, die sich mit der Entstehung und den Auswirkungen von Werten sowie deren Messung befasst. Als angewandte Teildisziplin der Psychologie beschäftigt sich die Arbeits- und Organisationspsychologie mit der Erklärung und Vorhersage menschlichen Erlebens und Verhaltens am Arbeitsplatz. Bei der Umsetzung der Erkenntnisse gilt es für den Praktiker, zwei wichtige Ziele zu maximieren: Wohlbefinden für das Individuum und Erfolg für die Organisation.

Warum sind in dieser Diskussion gerade Werte in Unternehmen so wichtig? Und welche Effekte haben Werte und wertorientierte Führung auf den Erfolg der Unternehmen?

Wertewandel

Arbeitsbezogene Werte sind heute pluralistischer denn je.[12] Lebenskonzepte werden flexibler. Tatsächlich hat laut Umfragen die Arbeit über die Jahre und im Vergleich zu anderen Lebensbereichen an Zentralität verloren. Gleichzeitig steigen jedoch die Ansprüche an die Arbeit. Von einer Entwertung des Lebensbereiches Arbeit kann also nicht die Rede sein. Die Arbeit ist vielmehr zentrale Lebensäußerung. Statt Pflichtbewusstsein stehen heute Motive der Selbstentfaltung und der persönlichen Entwicklung im Vordergrund. Der Mitarbeiter wünscht sich Autonomie, Partizipation, das Einbringen eigener Fähigkeiten, Herausforderungen und das Erlernen neuer Fähigkeiten sowie insgesamt interessante Arbeitstätigkeiten.[13]

Die Unternehmensumwelt bietet neue Herausforderungen an die Führung.

Eine Reihe von Wissenschaftlern betonen das sich immer stärker und schneller verändernde Umfeld von Organisationen.[14] Technischer Fortschritt, gesellschaftliche Veränderung und Dynamik führen dazu, dass Unternehmen einem ständigen Wandel ausgesetzt sind. Anpassungsfähigkeit und die Fähigkeit, schnell zu lernen, gehören deshalb zu den entscheidenden Wettbewerbsvorteilen, die ein Unternehmen am Markt haben kann. Was heute noch »State of the Art« ist, kann morgen schon veraltet sein. Sich rasant verändernde Umwelten führen zu neuen Herausforderungen an die Mitarbeiter und deren Führung. Immer mehr Fachwissen liegt bei den Mitarbeitern selbst. Vorgesetzte erwarten von ihren Mitarbeitern Flexibilität, Eigeninitiative und Selbstverantwortlichkeit. In der Regel kann die Führungskraft nicht mehr nur durch klassisches Management und durch Kontrolle führen. Die moderne Führungskraft appelliert an die Werte und Emotionen ihrer Mitarbeiter.[15] Sie ist besorgt um das Wohlergehen und die Entwicklung des einzelnen Mitarbeiters. Sie zeigt neue Perspektiven und Lösungswege auf. Sie ist Vorbild in dem, was sie sagt und auch tut. Sie stiftet Vertrauen in die eigene Person und das Unternehmen. Durch Wege der Kommunikation wird dem Mitarbeiter Orientierung und Gewissheit zurückgegeben, wo die sich wandelnde Organisation sonst Unsicherheiten und zunehmender Komplexität unterworfen ist.

Diese wertorientierte Form der Führung ist eine Antwort auf Unsicherheit, Komplexität, Irrationalität der Prozesse und zunehmende Globalisierung. Damit scheint sie zu einer Notwendigkeit der Zeit zu werden.

Wertorientierte Führung

Seit Mitte der siebziger Jahre erforschen Wissenschaftler zunehmend solche Führungspersonen, die es verstehen, ihre Mitarbeiter zu außergewöhnlichem Einsatz, Verbindlichkeit und Identifikation mit Organisationszielen zu bewegen und so nicht zuletzt höhere Leistung der Mitarbeiter für die Organisation erzielen.[16] Dieses Genre der Führungsforschung wird als wertebasierte- oder wertorientierte Führung bezeichnet.[17] Organisationen mit Werten als

Basis ihrer Führung artikulieren oft eine Vision für eine bessere Zukunft ihrer Mitarbeiter. Sie zeigen Leidenschaft für diese Vision und Selbstsicherheit, diese zu erreichen. Dabei steht das Interesse am Kollektiv im Vordergrund – oft verbunden mit außergewöhnlichem persönlichem und organisationalem Risiko. Kollektive Werte, die den Organisationszielen zugrunde liegen, werden betont. Wertorientierte Führungskräfte kommunizieren hohe Erwartungen an die Leistungen ihrer Mitarbeiter und geben ihnen regelmäßig positive Rückmeldung und Wertschätzung für das Geleistete.[18]

Effekte wertorientierter Führung

Die Folgen wertbasierter Führung wurden in mehr als 50 Untersuchungen erforscht (House, 1996). Die Effekte auf die Motivation der Mitarbeiter und die Leistung der Arbeitseinheiten liegen hier bei Korrelationen zwischen .40 und .50. Das heißt, dass ein Anteil von bis zu 25 Prozent der Mitarbeitermotivation und des Erfolges durch wertebasierte Führung erklärbar sind.

Eine neuere Studie von Arnold, Barling und Kelloway (2001) untersucht explizit Werte in Arbeitsgruppen. Die Forscher zeigen, dass die Förderung von Werten zu stärkerer Bindung führt. Gleichzeitig belegen sie, dass wertorientierte Führung und idealisierter Einfluss der Führungsperson zu Vertrauen, Verbindlichkeit und größerer Teamleistung führen.

Auch in Experimenten konnte die Überlegenheit wertorientierter Führung gegenüber traditioneller Führung nachgewiesen werden. Wertorientierte Führung führte zu höherer Leistung, höherer Motivation und Moral der Versuchsteilnehmer.[19] Eine weitere, beeindruckende Studie untersuchte Bedingungen und Folgen von Vertrauen am Arbeitsplatz über Daten von vierzig Primärstudien mit insgesamt 10 000 Untersuchungsteilnehmern.[20] Vertrauen der Mitarbeiter in die Führung zeigte sich als wichtiger Einfluss auf die Leistung. Vertrauen führte nicht nur zu stärkerer aufgabenbezogener Leistung, sondern ebenso zu kontextueller Leistung wie Gewissenhaftigkeit und selbstlosem Verhalten zugunsten anderer Mitarbeiter und der Organisation. Weitere positive Folgen von Vertrauen waren stärkere organisationale Bindung, höhere Arbeitszufriedenheit und Zufriedenheit mit dem Vorgesetzten und weniger Kündigungsabsichten. Berechnungen ergaben zudem, dass Vertrauen dann existiert, wenn Führungskräfte wertorientiert führen und die Mitarbeiter die Organisation als gerecht wahrnehmen.

Allerdings gibt es auch Hinweise dafür, dass wertorientierte Führung nicht in allen Situationen gleichermaßen erfolgreich ist. So gibt es Belege, dass wertorientierte Führung nur in einem unsicheren Umfeld erfolgreicher ist als andere Führungsstile. Auch muss es für positive Ergebnisse eine Übereinstimmung zwischen den Werten der Organisation und der Mitarbeiter geben.

Zusammenfassend kann allerdings festgehalten werden, dass die gegenwärtigen wissenschaftlichen Befunde zu wertorientierter Führung insgesamt deutlich auf ein klassisches Win-win hindeuten: für die Mitarbeiter (zum Beispiel Arbeitszufriedenheit) und die Organisation (zum Beispiel geringere Fluktuation, Erfolg).

Literatur

Arnold, K. A., Barling, J., & Kelloway, E. K. (2001): »Transformational leadership or the iron cage: Which predicts trust, commitment, and team efficacy«. *The Leadership and Organization Development Journal*, 22, 315–320.

Barling, J., Weber, T., & Kelloway, E. K. (1996): »Effects of transformational leadership training on attitudinal and financial outcomes: A field experiment«. *Journal of Applied Psychology*, 81, 827–832.

Dirks, K. T., & Ferrin, D. F. (2002): »Trust in leadership: Meta-analytic findings and implications for research and practice«. *Journal of Applied Psychology*, 87, 611–628.

Dvir, T., Eden, D., Avolio, B., & Shamir, B. (2002): »Impact of transformational leadership on follower development and performance: A field experiment«. Academy of Management Journal, 45, 735–744.

House, R. J. (1996): »Path-goal theory of leadership: Lessons, legacy, and a reformulated theory«. *Leadership Quarterly*, 7, 323–352.

House, R. J., & Shamir, B. (1993): »Toward the integration of transformational, charismatic, and visionary theories«. In M. Chemmers & R. Ayman (Eds.): *Leadership theory and research: Perspectives and directions* (577–594). New York: Academic Press.

House, R. (1996): »Path-Goal Theory of Leadership. Lessons, Legacy, and a Reformulated Theory«. *Leadership Quarterly*, 7 (3), 323–352.

Rokeach, M. (1973): *The nature of human values*. New York: Free Press.

Schneider, B., Wheeler, J.K., & Cox, J.F. (1992): »A passion for service: Using content analysis to explicate service climate themes«. *Journal of Applied Psychology*. Vol 77(5), Oct 1992, 705–716.

Schwartz, S.H. (2001): »Extending the Cross-Cultural Validity of the Theory of Basic Human Values With a Different Method of Measurement«. *Journal of Cross-Cultural Psychology*, Vol. 32, No. 5, 519–542.

Schwartz, S.H. (1992): »Universals in the Content and Structure of Values: Theoretical Advances and Empirical Tests in 20 Countries«. *Advances in Experimental Social Psychology*. M. Zanna. San Diego, Academic Press.

Semmer, N. & Udris, I. (2004): Bedeutung und Wirkung von Arbeit«. In: H. Schuler (Hrsg.): *Lehrbuch Organisationspsychologie* (S. 157–195). Bern: Huber.

Sonnentag, S., Niessen, C. & Ohly, S. (2004): »Learning and Development at work«. In C. L. Cooper, & I. T. Robertson (Hrsg.): *International Review of Industrial and Organizational Psychology*. Chichester, England: Wiley.

Weinert, A. B. (2004): *Organisations- und Personalpsychologie*. Weinheim: Beltz.

Werte im Change Management

Stefanie Unger

Change Management

Change Management beschreibt die Anpassung der Unternehmensstruktur und -strategie an sich verändernde Rahmenbedingungen. Häufig ist Change Management dabei kein Sonder-, sondern ein Dauerzustand in Unternehmen weltweit geworden. Dies führt unausweichlich dazu, dass im Allgemeinen das Vertrauen und damit im Besonderen jede Bereitschaft der Beschäftigten in einem engen Zusammenhang zu ihren bisherigen Erfahrungen steht. Der Erfolg oder Misserfolg von Veränderungsprozessen ist in entscheidendem Maße auf Menschen, ihr Denken und ihr Handeln zurückzuführen. Viele Führungskräfte sind in der Lage, Veränderungsprozesse in technischer Hinsicht zu planen. Geht es allerdings darum, die Menschen in diese Veränderung einzubeziehen, so scheitern die meisten von ihnen.

Change Management lebt – wenn es nachhaltig erfolgreich sein möchte – vom Commitment der Mitarbeiter. Für Führungskräfte bedeutet dies bekanntermaßen, die Mitarbeiter hinter sich zu bringen und sie von Visionen zu überzeugen. Dabei reicht es schon längst nicht mehr, sie nur von der eigenen Vision zu überzeugen. Mitarbeiter aller Ebenen müssen sich in dieser Vision wiedererkennen. Sie müssen sich selbst im neu strukturierten Umfeld wiederfinden.

Um zu verhindern, dass die bestehenden Werte ungewollt »verloren« gehen, muss die Unternehmensführung entscheiden, ob die Werte selbst Gegenstand des Veränderungsprozesses sind oder ob der Veränderungsprozess unter dem Einfluss der Werte steht. Es ist darauf zu achten, dass der Einfluss, der auf die Werte ausgeübt wird, bewusst und gewollt stattfindet.

Warum müssen sich Unternehmen überhaupt verändern?

Die japanische KaiZen-Philosophie (Kai = Veränderung, Zen = zum Besseren) lehrt, dass in allen Unternehmen und in allen Betrieben Probleme existieren, die gelöst werden können. Diese Erkenntnis führt unausweichlich zu einem Prozess der ständigen Veränderung und des Wandels, der sich in der wirtschaftlichen Zukunft nicht vermeiden lässt. Häufig sind Veränderungen allein deshalb nötig, um am Markt zu bestehen. Globaler Wettbewerb, Technologiewettläufe, demografische Veränderungen – all dies bedeutet für die Unternehmen Restrukturierungen und Reorganisation.[21] Es geht heute weniger um Fragen der Mitarbeitermotivation, als viel mehr darum, schnell Kosten zu senken und damit eine nachhaltige Wirkung für das Unternehmen zu erzielen. Dennoch muss im Rahmen eines Change-Management-Prozesses beides gewährleistet werden.

Das Umfeld für Change Management

Nährboden für viele Maßnahmen im Unternehmen stellt die Unternehmenskultur dar. Diese bildet bei Veränderungsprozessen Halt und Orientierung, kann aber selbst auch gewollt oder ungewollt zum Gegenstand von Veränderungen werden. Die Unternehmenskultur bezeichnet das grundsätzliche Verhalten der Mitarbeiter eines Unternehmens im Zusammenhang mit der Organisationsstruktur.[22] Gerade diese Unternehmenskultur ist es, die den Wertekanon eines Unternehmens widerspiegelt. So mangelt es beispielsweise in Folge von Unternehmensfusionen häufig an einem einheitlichen Verständnis über die Kultur des Unternehmens. Scheitert eine Verständigung über diesen Punkt, können die Abwanderung hochqualifizierter Mitarbeiter und die Unsteuerbarkeit der Organisation die Folge sein. Sind Führungskräfte in der Lage, die Werte der Organisation zu verstehen, und haben sie Einblick in die Einstellungs- und ethischen Grundkonzepte ihrer Mitarbeiter, so kann dies ein wertvoller Leitfaden für die Arbeit in Veränderungsprozessen sein. Die Möglichkeit des Managements

Werte zu bestimmen und zu beeinflussen, steht in unmittelbarer Abhängigkeit zu deren Verständnis.

Die verschiedenen Grundpositionen der so genannten normativen Ethik haben in Bezug auf Change-Management-Prozesse eine wichtige, erläuternde Funktion. Die deontologische (deon = griechisch: Erfordernis, Pflicht) Ethik stellt menschliches Verhalten unter die Notwendigkeit, allgemeinen, ethischen Geboten, Grundsätzen oder Pflichten gerecht zu werden[23], und ist damit in gewisser Weise ein Ideal- oder Zieltyp. Der Ansatz der dialogbezogenen Ethik hat für das Vorgehen in Veränderungsprozessen noch weitergehende Bedeutung. »Indem wir uns in die Lage des Anderen versetzen und gleichsam mit seinen Augen und von seinem Standort aus betrachten«[24], sind wir in der Lage, seine Rolle in universeller Weise anzunehmen und so in den Diskurs über wechselseitige Nutzenerwartungen einzutreten. Für das menschliche Denken und vernünftige Begründen von Ansprüchen und Nutzenerwartungen ist die sprachgebundene Argumentation eine Voraussetzung, die nicht hintergehbar ist. Wer nämlich denkt und damit argumentiert, setzt voraus, dass alle möglichen anderen Anspruchsträger gleichberechtigte Partner bei der argumentativen Suche nach Wahrheit und Richtigkeit sind.[25] Der Diskurs um die richtigen Ziele ist häufig in der strategischen Effizienzrealität, aber nicht von einem argumentativen Konsens bestimmt, sondern lässt diesen nur in einer verantwortungsethischen Perspektive erscheinen. Folglich sind alle Maßnahmen zu ergreifen, um offene Kommunikation in der Unternehmung zu fördern und jegliches Handeln zu unterlassen, das hierarchisch bedingte Blockaden in der Kommunikation hinterlässt.

Das kann in manchen Unternehmen als Wert formuliert werden. So zum Beispiel »the Obligation to Dissent« – die Verpflichtung zum Wiederspruch[26] oder »Hierarchie korrigiert nur in Ausnahmefällen die Kompetenzentscheidung«[27].

Erst wer die richtige Balance im Austausch zu seinen Mitarbeitern gefunden hat, wer die Einheit der Führungskräfte bezüglich der Veränderungsvorhaben sichergestellt hat und dies auszudrücken in der Lage ist, kann sich die Unterstützung in Veränderungsprozessen sichern und daraus gestärkt hervorgehen.

Welche Rolle spielen Werte in Change Management Prozessen?

Veränderungen sind in Organisationen immer Gegenstand von Auseinandersetzungen, weil Menschen sich in ihrer Position gefährdet sehen oder schlicht Veränderungen aufgrund von Trägheit und Gewöhnung ablehnen. Sie stellen deshalb in den meisten Fällen für die Mitarbeiter Extremsituationen im Unternehmensumfeld dar. Wo Menschen in so genannten »weichen Prozessen« Gegenstand unternehmenslenkender Maßnahmen sind, hängt der Erfolg in fast allen Fällen vom persönlichen Vorgehen und dem Verhalten des Managements ab. »Menschen werden einzig und allein das umsetzen, was sie für sich selbst als richtig erkannt und wirklich verinnerlicht haben.«[28]

So schafft die Orientierung und Einbeziehung von Werten neben Glaubwürdigkeit der Maßnahme auch ein »involvement-orientiertes« Umfeld für gemeinsame Maßnahmen des Managements mit den Mitarbeitern.

Welche Werte zählen?

Zunächst gilt es zu verstehen, was mit Werten gemeint ist. Dabei sei darauf hingewiesen, dass die Definitionen bisweilen enorm voneinander abweichen. Werte im Unternehmen sind nicht gleichzusetzen mit den Werten in der Gesellschaft.[29] Für das Unternehmen muss in erster Linie die Legitimation der Existenz zählen – diese wird durch Gewinne gewährleistet. Ein Wertekanon, der diesen Wert ausblendet, kann auf Dauer nicht bestehen. In einem Unternehmen können unterschiedliche Werte gelebt werden. Sie alle sollen dem Einzelnen bei seinen Entscheidungen helfen. Sie sind Richtungsweiser, sie sind Kommunikationskatalysator zwischen Menschen, und sie bringen das zum Ausdruck, was der Organisation wichtig ist. Neben den Unternehmenswerten zählt aber auch gerade im Change Management die individuelle Ethik. Der Umgang miteinander, der Umgang der Führungskräfte mit den Mitarbeitern und den Stakeholdern.

Konkret muss dies jedes Unternehmen selbst durch seine Identität bestimmen oder mit Hilfe von Experten bestimmen lassen. Grundsätzlich lässt sich erkennen: Ein klarer Kanon bringt mehr als ein langer Verhaltenskodex, dies zeigt zum Beispiel ein dänischer Pharmakonzern mit seinen klaren Werten: People-Planet-Profit.

Da in und um das Unternehmen eine Reihe von Werten zum Ausdruck kommt, ist es wichtig zu wissen, wessen Werte zählen und wer diese bestimmt. Die Analyse der Mitarbeiterwerte wird dabei zu anderen Ergebnissen kommen als die der Zulieferer, Verbraucher oder Führungskräfte. In der Schnittmenge dieser Beteiligten wird sich der zentrale Begriff des Vertrauens wiederfinden.

Vertrauen kann nur in Klarheit bestehen und nicht über Nacht erwachsen. Es stellt gerade in Bezug auf den kooperativen Umgang miteinander einen zentralen Wert dar. Was den einzelnen Parteien wichtig ist, kann nicht pauschal beantwortet werden.

Die Unternehmenswerte werden klar vom Management formuliert, sie sind auf die Strategie des Unternehmens genauso abgestimmt wie auf die Wertevorstellung der am Unternehmen beteiligten Akteure.

Wertorientiertes Change Management

Nachdem das Ausgangsproblem der Veränderung sowie das Umfeld, in dem es durchzuführen ist, bekannt sind, müssen Verfahrensweisen entwickelt werden, um dies umzusetzen. Werte sind dabei als ständiger Begleiter und Helfer bei Entscheidungen mit Menschen zu verstehen, deren Nutzen nicht nur in menschlichem, sondern gerade auch in finanziellem Erfolg zum Ausdruck kommt und kommen muss.

»Menschen werden einzig und allein das umsetzen, was sie für sich selbst als richtig erkannt und wirklich verinnerlicht haben.«[30] Ausgehend von dieser Annahme lassen sich Veränderungsprozesse hauptsächlich nur mit dem Willen der Mitarbeiter durchsetzen. Werte würden sich nur aus den Wertvorstellungen der Arbeitnehmer entwickeln und Unternehmenskulturen und Werte so zu einem in weitem Maße gegebenen und kaum zu beeinflussenden

Faktor für das Unternehmen werden. Die Ziele von Unternehmen und die Veränderungs- beziehungsweise Change-Prozesse, die dorthin führen, stehen häufig im Gegensatz zu dem, was Mitarbeiter wollen. Aufgabe und Verantwortung der Führungskräfte ist es, die Ziele des Unternehmens im Blick und im Griff zu haben. Werte müssen dabei der Zielerreichung dienen.

Ist, wie zu Beginn erwähnt, das Ziel der Wertewandel selbst, so steht er in einem unternehmensstrategischen Kontext. Operative Ziele hingegen werden durch einzelne Werte gefördert und erreicht. Die Spannung zwischen Werten in operativer und strategischer Hinsicht darf nicht dazu führen, dass Mitarbeiter unklaren oder gar widersprüchlichen Aussagen gegenüberstehen. Ein solcher Fehler kann kurzfristig nicht behoben werden. Den Unterschied zwischen individuellen Werten und Unternehmenswerten muss der Mitarbeiter überbrücken. Was der Organisation wichtig ist, muss auch ihm wichtig werden.

Das Problem erkennen

Am Anfang eines Change-Prozesses steht das Erkennen des Problems oder des Missstandes. In der Managementrealität ist davon längst mehr bekannt, als angegangen wird. Dies ist weniger auf fehlende Kapazitäten, als viel mehr auf mangelnde Motivation und Anreize zurückzuführen.

Treffen neben dem Willen auch das Erkennen des Problems und die Macht, dies in Angriff zu nehmen, aufeinander, so ist der erste Schritt hin zur Veränderung gemacht. Der Macht, eine solche jedoch erfolgreich anzugehen, steht die Durchsetzbarkeit im Wege. Hinter vielen guten Ansätzen steht keine durchsetzungsfähige Person. Häufig muss zunächst viel Kraft aufgewandt werden, um sich in der Firmenpolitik durchzusetzen, so dass für die eigentliche Maßnahme kaum etwas bleibt.

Bei der Planung einer Maßnahme ist deshalb auf drei Gruppen von Mitarbeitern zu achten. Die so genannten »Performer« sind nicht direkt auf ein involvement- beziehungsweise ein wertschätzungsorientiertes Umfeld angewiesen. Sie erkennen den Handlungsbedarf und den Wandel als Chance für sich und das Unternehmen. Dieser Gruppe kommt eine Schlüsselfunktion als treibende Kraft zu. Das Management darf ihr gegenüber nicht die Glaubwürdigkeit verlieren, da sie sonst das Vorzeichen ihres Engagements wechseln könnte und sich der zweiten Gruppe, den Kritikern, anschließen. Kritiker bergen, neben ihrem schlechten Einfluss auf unentschlossene Mitarbeiter, die Gefahr in sich, das Projekt zu torpedieren. Es hat sich gezeigt, dass Kritiker häufig in Schlüsselpositionen des Managements zu finden sind. Ihnen gilt bei der Planung besondere Aufmerksamkeit, da sie schnell jedes Engagement scheitern lassen können. Es ist daher ratsam, sich klar zu machen, welches Verhältnis einzelne Schlüsselpersonen zu den Veränderungsvorhaben haben. Die Gruppe der Unentschlossenen bildet zuweilen den geringsten Anteil, da fast jeder Mitarbeiter sich bereits ein Vorurteil über das Projekt gebildet hat. Die verschiedenen Gruppen bedürfen einer teils sehr unterschiedlichen Bearbeitung.

Werte, die den Veränderungsprozess tragen sollen, müssen so universell sein, dass sie von allen Gruppen und auch in allen Hierarchiestufen verstanden und umgesetzt werden können. So kann ein Unternehmen sich die Werte Qualität und Vertrauen geben, wenn dies allerdings nicht aktiv umgesetzt wird, droht neben der Versandung auch noch die Existenz einer Doppelmoral zwischen Papier und Realität, die sich nicht zuletzt in Zynismus niederschlagen kann. Der genannte Wertekanon kann zum Beispiel einem Automobilkonzern bei dem Ziel helfen, sein schwaches Ansehen und seine mäßige Qualität zu verbessern. Die Umsetzung des Wertes »Vertrauen« kann durch Kommunikationsmaßnahmen, die als Schlüssel zum Vertrauen zwischen Menschen gelten, erfolgen: Gesprächsrunden, informelle Firmennetzwerke, Gemeinschaftsaktivitäten – der Kreativität und dem Gespür für die Notwendigkeiten des Menschen sind kaum Grenzen gesetzt. Daneben muss das Vorleben dieses Wertes und auch das konsequente Sanktionieren von Fehlverhalten Ausdruck der Überzeugung des Unternehmens sein. Der Wert Qualität kann in ähnlichem Maße durch Anreize oder Wissensnetzwerke verbessert werden. Alle Mitarbeiter müssen wissen, dass Qualität nicht als Schlagwort, sondern als Unternehmenswert Bedeutung hat. Jedes Handeln muss Qualität gewährleisten und jedes Zuwiderhandeln nach Maßgabe der Verhältnisse geahndet werden. Findet sich ein Mitarbeiter nicht damit zurecht und kann er an keiner anderen Stelle des Unternehmens eingesetzt werden, stellt er mitunter eine Belastung für die Organisation, die Werte und den Wandel dar. Unternehmen definieren unter Einbeziehung der an ihr beteiligten Gruppen ihre Werte. Unternehmen leben eigene Werte und Mitarbeiter müssen sich dieser annehmen. Nur so kann das zum betrieblichen Überleben notwendige Optimum gewährleistet werden. Unternehmen im globalen Wettbewerb sind keine basisdemokratischen Institutionen, sie existieren, um Gewinne zu erwirtschaften, nur so sind sie legitimiert und nur deshalb können sie überleben. Der moderne Change-Management-Prozess nimmt genau auf diese Tatsache Rücksicht.

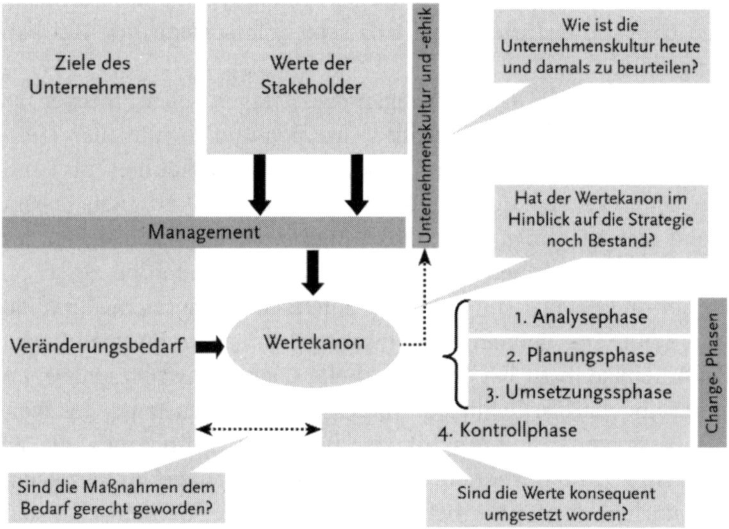

Abb. 4 Modell Change-Management

Planung

Bevor man in die Planung zu Veränderungsprozessen allgemein und explizit zu Veränderungen der Unternehmenswerte aufbricht, muss klar sein, was die Entscheidungsträger der wesentlichen Hierarchieebenen wollen. Eine durchweg konsensfähige Mehrheit wird sich dabei zwar in den seltensten Fällen ergeben, allerdings muss Klarheit über die Positionen der verschiedenen Parteien bestehen.

Dem Prozess der Planung geht grundsätzlich eine Analyse voraus. Gründe für die Veränderung selbst und das Umfeld der Veränderung müssen analysiert werden. Sind die Rahmenbedingungen bekannt, kann im Kreise der Führungskräfte an Zielen gearbeitet werden. Dabei hat sich gezeigt, dass es sinnvoll ist, in einem anderen Umfeld und vor allem unabhängig vom operativen Geschäft über Visionen zu beraten und zu diskutieren. Existieren realistische Visionen, stellt sich die Frage, ob die Mitarbeiter eigene Ziele mit denen des Unternehmens in Einklang bringen können. Konkret bedeutet dies für das Management: Habe ich eine Vision für die Zukunft des Unternehmens und ist darin gleichzeitig eine Vision für die Zukunft meiner Mitarbeiter enthalten? Daraus kann zum Beispiel auch der Schluss gezogen werden, dass Personalmaßnahmen immer am Anfang einer Veränderung stehen müssen. Nur wenn Mitarbeiter Vertrauen in ihre eigene Zukunft im Unternehmen haben, werden sie an deren Veränderung mitwirken. Im Bereich der Planung kann das Management durchaus seinen Mitarbeitern ein Gefühl der Sicherheit vermitteln, um nicht schon in der ersten Phase Panik vor der Veränderung zu verursachen.

Sind die Visionen klar und weiß das Management, was ihm wichtig ist, muss es sich auf Werte festlegen. In diesen Werten finden in erster Linie die Ziele des Unternehmens, die Einflüsse der Umwelt und die Werte der am Unternehmen beteiligten Akteure Ausdruck. Bei diesem Prozess ist es durchaus sinnvoll, sich von Externen beraten zu lassen. Zu schnell kann sich hier sonst die Meinung einer einzelnen Gruppe niederschlagen. Schon im Zusammenhang mit den Visionen sind realistische Ziele zu setzen und zu formulieren. Abschließend muss das Management sich folgende Fragen beantworten können:

- Werden die gewählten Werte im Hinblick auf die Strategie Bestand haben?
- Dienen sie der langfristigen oder nur der kurzfristigen Zielerreichung, und werde ich mit den gleichen Werten noch in zehn Jahren Erfolg haben?

- Sind neue Werte überhaupt nötig oder dienen sie nur der Selbstverwirklichung einer Führungskraft?

Sind Visionen und geeignete Werte jedoch gefunden und für dienlich erachtet worden, so können diese auch kommuniziert werden. Hier gibt es zum einen die Möglichkeit, den Mitarbeitern durch Offenlegung einen transparenten Einblick in die eigene Analyse zu gewähren oder sie lediglich mit deren Ergebnissen zu konfrontieren. In einem Unternehmen, zu dessen Werte und Kultur es gehört, in einem dialogischen Verhältnis zu interagieren, wird das Management alle Argumente aus der Analyse auch bei der Überzeugung seiner Mitarbeiter zum Einsatz kommen lassen. Sind die Gründe, Visionen und Ziele klar erläutert und Personalmaßnahmen getroffen, so schließt sich die Phase der Umsetzung des Wandels an.

Umsetzung

Bei der Umsetzungsphase selbst kommt stärker als in allen anderen Phasen die Persönlichkeit der Führungskräfte zum Ausdruck. Sie stehen mit ihrem Verhalten und ihren Äußerungen für den Prozess und für die Vision. Die öffentlich bekannten Diskrepanzen der letzen Jahre sind deshalb kein Zeichen verantwortungsvoller und überzeugter Führung. Mitarbeiter können ein Sparprogramm nicht verstehen, in dem der Vorstand ganz klar überall, nur nicht an sich selbst spart.

In einem ersten Schritt muss bei der Umsetzung der neue Wertekanon kommuniziert werden. Ob dies nun in Vorträgen, Seminaren, Workshops oder Gesprächsrunden geschieht, muss jedes Unternehmen selbst entscheiden. Ein Faktor, der häufig vernachlässigt wird, ist Zeit. Mitarbeiter brauchen Zeit, um sich mit Veränderungen auseinander zu setzen. Sie brauchen Zeit, um sich vom Willen des Unternehmens selbst zu überzeugen. Werte zählen gerade in Krisensituationen, und genau deshalb bieten diese eine Chance für das Management, ihre Überzeugung unter Beweis zu stellen.

Darüber hinaus sollte das Unternehmen diejenigen Mitarbeiter belohnen, die sich im Rahmen der Veränderung besonders intensiv darum gekümmert und die neuen Werte verinnerlicht haben. Genauso wie das Belohnen gehört auch das Sanktionieren zu den notwendigen Umsetzungsmaßnahmen zwingend dazu.

Das Unternehmen muss lernen, Siege zu würdigen. Auch das Erreichen eines kleineren Prozessziels ist wichtig für das Hauptziel. Mitarbeiter brauchen diese Motivation und diesen Antrieb auf dem Weg zum Ziel.

Zusammenfassung

Change Management stellt für die Mitarbeiter und das Unternehmen eine Extremsituation dar. Werte können dabei helfen, ein Ziel zu erreichen. Mit klaren Werten weiß jeder, was dem Unternehmen wichtig ist. Die Werte werden nach Analyse der Situation und des Umfeldes vom Management bestimmt. Im Rahmen der Umsetzung wird deren Verwirklichung überprüft und vorhandene Widerstände analysiert und beseitigt. Dies erfolgt auch durch das Sanktionieren von Fehlverhalten. An das Management wird die klare Erwartung gestellt, glaubwürdig und verantwortungsvoll die Maßnahmen im Sinne des Unternehmens umzusetzen.

Werte bilden somit ein Steuerungstool. Ziele und Werte stehen in direktem Zusammenhang.

Analysen – Das sich ändernde Umfeld und dessen Implikation auf die Werteentwicklung

Stefanie Unger

Implikationen auf die Werteentwicklung

Welche Aspekte des Umfeldes eines Unternehmens üben auf dieses Einfluss aus? Welche Implikationen haben diese Aspekte auf die Werteentwicklung, wie kann man auf diese reagieren oder sogar agieren?

Es gibt viele verschiedene Faktoren, die das Umfeld eines Unternehmens darstellen und auf dieses Einfluss ausüben. Wesentliche Unterschiede bei den einzelnen Unternehmen bestehen hier noch bei Branche, Größe und Produktumfang. Die wesentlichen Faktoren, die bei einer »Umfeldsanalyse« in Betracht zu ziehen sind, sind die Geschäftspartner; der Arbeitsmarkt, somit potenzielle Mitarbeiter, Universitäten, somit die Bildung potenzieller Mitarbeiter; Kunden – speziell die Anzahl bestehender und potenzieller Kunden, die Bedürfnisse der Kunden und die finanziellen Ressourcen der Kunden, der Consumer Confidence Index, somit das Kaufverhalten und die Stimmung der Kunden –, die politischen Rahmenbedingungen und die bestehende beziehungsweise kommende Konkurrenz.

Alle aufgeführten Aspekte üben einen Einfluss auf die Werteentwicklung eines Unternehmens aus. Sie bestimmen, ob das Unternehmen die gewählten Werte noch ausführen kann. Weiterhin ermöglichen sie eine Aussage darüber, ob diese unter den neuen Umständen dem Unternehmen gegenüber kontraproduktiv wirken würden. Das sich ändernde Umfeld sollte permanent unter Beobachtung bleiben und einer Analyse unterzogen werden, die eine Aussage darüber trifft, ob die Werte entsprechend angepasst oder sogar ersetzt werden müssen. Wenn man diese Analyse über einen längeren Zeitraum hinweg durchführt, kann man sogar Forecasts machen und zukünftigen Entwicklungen gegenüber proaktiv vorgehen.

Hat ein Unternehmen zum Beispiel mehrere Male den Effekt des Einstiegs einer Konkurrenz erlebt, kann es bei der Kenntnisnahme des Einstiegs einer weiteren Konkurrenzfirma entsprechend frühzeitig agieren. Wenn die neue Konkurrenz in der Vergangenheit zum Markteinstieg alle Preise um 20 Prozent reduziert und somit bei dem Unternehmen X in den ersten drei Monaten einen Gewinnrückgang von 10 Prozent verursacht hat, kann das Unternehmen für die Zeit entweder weniger Produkte herstellen und somit die Lagerkosten reduzieren oder eine vergleichbare Preisreduktion initiieren.

Umfelder

Geschäftspartner können je nach Firmenstruktur einen Anteil des Unternehmens darstellen oder sich durch eine regelmäßige Kooperation in Transaktionen widerspiegeln. Im ersten Fall sollte der Geschäftspartner bei der Entwicklung der ursprünglichen Werte des Unternehmens eng mit einbezogen werden. Falls der Geschäftspartner zu einem Zeitpunkt nach der Werteentwicklung dazu stößt, sollte dieser wie bei einem Zukauf oder einer Fusion auf seine Werte hin untersucht werden. Bei gegensätzlichen oder stark voneinander abweichenden Werteleitbildern ist der Sinn eines Zusammenschlusses, auch wenn sich der finanzielle Wert zunächst als sinnvoll erweist, fragwürdig. Handelt es sich bei dem Geschäftspartner jedoch um einen Partner, mit dem man in regelmäßigen Abständen in Kooperation tritt und Transaktionen abwickelt, hat das Werteset eine andere Bedeutung. Hier kann auch ein unterschiedliches Werteset zu einer erfolgreichen Zusammenarbeit führen, teilweise ist es sogar der Unterschied und somit Ausgleich, der zu dem Erfolg der Transaktion beiträgt. Wichtig ist, dass ein Bewusstsein der unterschiedlichen Werte auf beiden Seiten besteht und alle Parteien sich auch in Bezug auf mögliche Änderungen hierbei informiert halten. Haben sich zum Beispiel zwei Geschäftspartner darauf geeinigt, dass sie keine Transaktionen mit Konkurrenz X eingehen (Wert = Loyalität), dass sie je nach Kundenbedarf auch neue Artikel einführen (Wert = Flexibilität) und dass sie 10 Prozent ihres jährlichen Umsatzes in die Entwicklung neuer Produkte stecken und sich hierbei gegenseitig befruchten (Wert = Innovation), ihre Mitarbeiter und Geschäftspartner innerhalb von x Tagen nach Lieferung der Produkte oder Erfüllung der Arbeit bezahlen (Wert = Zuverlässigkeit), sollten Änderungen in den definierten Werten dem Geschäftspartner umgehend mitgeteilt werden. Geht ein Geschäftspartner zum Beispiel durch eine schwierige finanzielle Phase und kann seine Mitarbeiter nicht rechtzeitig bezahlen oder muss seine Investitionen im Bereich Innovation zurückstellen, wäre es ihm nicht möglich, sich an die vereinbarten Werte zu halten. Dies sollte seinem Geschäftspartner umgehend mitgeteilt werden, damit dieser entscheiden kann, ob er der Zusammenarbeit unter der Form noch zustimmt. Das Werteset eines Geschäftspartners reflektiert – ob gewünscht oder nicht – auch ein Stück der Werte des eigenen Unternehmens. Das Umfeld nimmt wahr, mit welchen Unternehmen/Partnern man sich zusammenschließt und bewertet es auch als Teil des Wertesets des Unternehmens. Aus diesem Grunde ist es wichtig, das Werteset seines Geschäftspartners zu kennen und es stets im Auge zu behalten.

Der Arbeitsmarkt übt in großem Maße Einfluss auf ein Unternehmen aus. Er bestimmt, wie groß der Pool der potenziellen Mitarbeiter ist, welche Qualität die Auswahl der Mitarbeiter hat und zu welchem Preis die Arbeitskraft erhältlich ist. Setzt ein Unternehmen sich gewisse Anforderungen, muss es sicherstellen, dass es diese anhand der Arbeitsmarktdaten und Entwicklungen noch einhalten kann. Ein Unternehmen hat darüber hinaus auch die Anforderungen der Wertevorstellungen des Arbeitsmarktes zu beobachten. Sind hier massive Änderungen festzustellen, sollte das Unternehmen sich dessen bewusst sein und in Anbetracht der gewünschten und geplanten Neueinstellungen entsprechende Änderungen vornehmen.

Universitäten – und somit die Bildung der zukünftigen Mitarbeiter – spielen eine ausschlaggebende Rolle in der Werteentwicklung der heutigen Unternehmenslandschaft. Leider wird dieser Aspekt des Umfeldes oft nicht oder zu spät beachtet. Um dafür zu sorgen, dass ich als Unternehmen auch morgen die Mitarbeiter einstellen kann, die ich für meine weitere Unternehmensausrichtung benötige, muss ich darauf achten, dass sie unter anderem nach meinen gewünschten Kriterien ausgebildet werden. Dies lässt sich entweder durch firmeneigene Ausbildungszentren ermöglichen oder durch einen regen Austausch mit und einem Engagement in den Universitäten. Eine häufige Debatte, die zu dem Thema Werte entsteht, handelt sich um die Möglichkeit, das Werteset eines Menschen in einem bestimmten Alter zu ändern beziehungsweise zu beeinflussen. Es gibt Unternehmenslenker, die behaupten, dass ein Mitarbeiter seine Werte nach dem 21. Lebensjahr nicht mehr ändert. Dass diese bereits durch die Erziehung im Elternhaus und durch Lehrer und Mitschüler gefestigt wurden. Andere behaupten, dass ein wesentlicher Bestandteil der Werte nach der Schule, im Alter von 21 bis 27 Jahren entwickelt wird. Weitere Äußerungen sagen, dass sich Werte und somit Menschen immer ändern und entwickeln können und somit auch von Unternehmen noch mit geprägt und geformt werden. Diese Diskussion ist relevant für Rekrutierungs- und Weiterbildungsaktivitäten. Bin ich der Meinung, dass ich das Werteset von Mitarbeitern beeinflussen und entwickeln kann, dann liegt mein Fokus auf der Weiterbildung und dem Coaching. Bin ich der Meinung, dass das Wesentliche im Alter von 24 abgeschlossen ist, muss ich viel selektiver in der Auswahl meiner Mitarbeiter sein und möglicherweise auch in der Phase, in der ich das Werteset dieser Mitarbeiter stärker beeinflussen kann, zum Beispiel in der Universität.

Kunden – speziell die Anzahl bestehender und potenzieller Kunden, die Bedürfnisse und die finanziellen Ressourcen der Kunden – sind ein ausschlaggebendes Kriterium für ein Unternehmen.

»Der Kunde ist König« – dieses Sprichwort ist alt, dennoch Gold wert. Leider hat man oft das Gefühl, dass Geschäfte und deren Servicekräfte noch nie etwas davon gehört haben. Es sollte diesem Spruch zu entnehmen sein, dass Kunden nicht nur als ein Einflussfaktor vom Umfeld des Unternehmens gesehen werden dürfen, sondern im Fokus aller Entscheidungen des Unternehmens sein sollten. Unabhängig davon sollte der Kunde als Einflussfaktor immer permanent im Blickfeld des Unternehmens stehen. Hierbei ist zu berücksichtigen, wie viele potenzielle Kunden der Markt noch bietet, wie ausgeglichen die Kunden sind (in Größe und Branche) und wie es um die finanziellen Ressourcen der Kunden steht. Wenden die Kunden nur einen kleinen Teil ihrer finanziellen Möglichkeiten für die Produkte des Unternehmens auf, ist zu überlegen, ob dies an der kleinen Produktauswahl liegt oder an anderen Faktoren. Liegt es an der kleinen Produktauswahl, kann das Unternehmen analysieren, an welchen weiteren Produkten möglicherweise Interesse besteht und folgend neue Produkte entwickeln lassen. Der Kunde ist letztlich einer der wichtigsten Faktoren, welcher trotzdem immer auch von anderen Entwicklungen beeinflusst wird. Um ihn zufrieden zu stellen und proaktiv betreuen zu können, muss das Unternehmen auch eine separate Analyse seines Umfeldes durchführen und auf dieses entsprechend proaktiv eingehen.

Der Consumer Confidence Index bietet einen guten Einblick in das Stimmungsbild und die Kaufbereitschaft des Marktes. Er ist ein weltweit permanent analysierter und hoch akzeptierter Wert, der gerade im Zusammenhang mit der Börsenentwicklung von Unternehmen kontinuierlich beobachtet wird. Dem Consumer Confidence Index kann nicht entgegengewirkt werden, er kann aber als Indikator für zukünftige Verkaufszahlen und möglicherweise Planzahlen mit einbezogen werden.

Politische Rahmenbedingungen üben auf ein Unternehmen, besonders in Bezug auf die gesetzlichen und steuerlichen Änderungen, einen relevanten Einfluss aus. Besonders spannend wird das Thema, wenn es international betrachtet wird. Die Wertethematik muss dann möglicherweise schon bei der Entscheidung in einem Land, mit dessen politischen Rahmenbedingungen, aktiv zu werden, in Betracht gezogen werden. Politische Rahmenbedingungen bedeuten somit, was gesetzlich verordnet und erlaubt ist und welche ungeschriebenen Geschäftspraktiken gelebt werden. Hiermit muss ein Unternehmen sich auseinander setzen und für sich Entscheidungen zu den einzelnen Fällen treffen.

Die globale Marktwirtschaft stellt für die in Deutschland präsenten Firmen ein sich immer schneller änderndes Umfeld dar. Dies beinhaltet teils unbekannte Rahmenbedingungen, keine oder ungeschriebene Spielregeln und verbirgt viele neue Herausforderungen. Wenn man das Umfeld seines Unternehmens und dessen implizierte Werteentwicklung im Auge behält, kann man den Änderungen und Herausforderungen besser – wenn nicht gar optimal entgegengehen.

Strategische Zielsetzungen

Joern Herseth

Die Diskussion um Werte und Vertrauen kann nur dann eine sinnvolle Umsetzung erfahren, wenn deutlich wird, welche strategischen Implikationen sich aus der Einführung und Praktizierung von Wertemanagement für Unternehmen ergeben.

Das idealerweise zentrale Unternehmensziel ist das Schaffen von *Stakeholder Value,* das heißt das Werteschaffen für alle in- und externern, durch die Unternehmensaktivität beeinflussten Personen und Institutionen.

Oftmals, und dabei meist bei nicht eigentümergeführten Unternehmen, steht jedoch ausschließlich das Wohl der Anteilseigner im Vordergrund. Betriebswirtschaftlich ist dieses Handeln verständlich und zu rechtfertigen. Es stellt sich jedoch die Frage, ob durch das Leben klassischer Werte nicht auch für weitere Stakeholder quantitativ messbarer Wert geschaffen werden kann, ohne die unternehmenseigene, rein betriebswirtschaftliche Maxime zu vernachlässigen. Unternehmen und deren Lenker stehen hier in der Verantwortung!

Die deutsche Heuschreckendiskussion, Stellenabbau von Großkonzernen trotz Milliardengewinnen und die »Awareness« der folgenden reinen, anstelle sozialen Marktwirtschaft sollen hierbei nicht aufgegriffen werden.

Unsere Arbeit orientiert sich im Wesentlichen am festen Glauben, dass das Leben – und somit im Unternehmen auch Managen – von Werten eine ethische Verpflichtung darstellt, nebenbei aber auch handfeste und messbare Vorteile mit sich bringt.

Dieses zu erreichen, bedingt einen transparenten, kontrollierten Maßnahmenkatalog mit offener Kommunikation von Erfolg und Misserfolg von Einzelmaßnahmen und daraus abgeleiteten Teilzielen.

In wirtschaftlich angespannten Zeiten konzentriert sich der Großteil der Maßnahmen auf die meist nur zu kurzfristigen Erfolgen führende Kostenseite (»Knife-Edge inhärent«). Auf kurze

»Legislaturperioden« und nur auf Shareholder-Mehrwert ausgerichtete Managerverträge vernachlässigen die nachhaltigen Implikationen dieses Handelns.

Das bessere Ziel von Unternehmen muss jedoch die Sicherung des »Going Concern« und somit des nachhaltigen Unternehmenserfolges sein. Dass sich dieser nicht allein durch die Kostenseite definieren kann, ist offensichtlich.

Innovation, Sicherung der Einnahmenseite und Kosteneffizienz durch Einsicht und Vorleben sind oftmals bei Managern von nachrangigem Interesse.

Ausschreibungen, globaler Wettbewerb, Vorleistungen und die Dauer von Umsetzungserfolgen langfristiger Strategien sind Aspekte, die – unterstützt durch oftmals kurzfristige, quantitativ getriebene variable Vergütungssysteme und Investorenerwartungen auf Benchmark- und Best-Practice-Niveau – den Druck auf den schnellstmöglichen Erfolg erhöhen.

Unter Verzicht eines Abrisses zum Thema »Adäquate Anreizsysteme« soll an dieser Stelle deutlich werden, wie einfach die Einführung und vorgelebte Praktizierung von Wertemanagement einen wichtigen Beitrag zum nachhaltigen Unternehmenserfolg leisten kann. Es muss deutlich werden, dass die Praktizierung eines Wertemanagements kein ethisches Beiwerk für Mitarbeiter- und Kundenzeitschrift darstellt, sondern nachhaltig handfeste und messbare Vorteile erreicht.

Die zunehmend meist kurzfristig gedachte Maßnahmenflut zur Steigerung von Shareholder Value geht oftmals zulasten der weiteren Stakeholder wie Mitarbeiter, Kunden, Lieferanten, Staat und Umwelt. Interne Kostensenkungsprogramme auf Personal- und sonstiger betrieblicher Aufwandsseite sowie fehlende, jedoch notwendige Investitionen sorgen für Demotivation und führen zu Unsicherheit – intern, jedoch vor allem und resultativ auch extern.

Es ist nicht das Ziel, die aus Sicht der Verfasser gerade in Konzernen verbesserungsfähigen Zustände zu kritisieren – vielmehr das Wachrütteln zu forcieren, und zwar nachhaltig. Dabei ist es weder illusorisch noch naiv zu meinen, dass der Hamburger Kaufmanns-Handschlag und das damit verbundene Werteset ein Relikt aus längst vergangenen Zeiten sei. Das »Sich-auf-jemanden-verlassen-können« nimmt in den Umfeldern der Kommissions- und Beiratsmitglieder unserer Initiative im Alltag mehr denn je herausragende Bedeutung an.

Selbstverständlich gibt es hierbei Grenzbereiche zwischen Vertrauen und Naivität – doch ein »adäquates« Verhalten in Grenzbereichen kann hier nicht Gegenstand der Diskussion sein, da es sich deutlich um moralisch-individuelle Kriterien handelt.

Die in Teil 3 beschriebenen Werte führen aus Sicht der Verfasser in praktischer und gelebter Anwendung zu nachhaltigen Wettbewerbsvorteilen. Auch ohne volkswirtschaftlichen Exkurs ist es offensichtlich, dass der Standort Deutschland nachhaltig nur mit einer Kombination der Faktoren Kapital und Arbeit wettbewerbsfähig bleibt. Die Attraktivität des Standortes für Geld- und Arbeitgeber wird sich langfristig jedoch nur über nicht substituierbare Faktoren ergeben.

Es zeigt sich, dass der Standort Deutschland bei der Attraktivität makroökonomischer Rahmenbedingungen, wie Steuerbelastung oder Lohnkostenniveau, keine Wettbewerbsfähigkeit erlangen kann. Der makroökonomische Erfolg des Standortes Deutschland resultiert in Zukunft daher zunehmend aus der Kumulation mikroökonomischer beziehungsweise unternehmensindividueller Wettbewerbsvorteile, die zunächst den Faktor Arbeit attraktiver gestalten und letztlich zur Attraktion von Kapital führen.

Doch wie kann der Faktor Arbeit durch Wertemanagement nachhaltig attraktiver werden?

Empirische Studien (jüngst McKinsey/*manager magazin*) belegen, dass extrinsische Motivationsfaktoren wie Gehalt, Statusvergünstigungen, Karriere oder Image in deutlich abnehmendem Maße für die Attraktivität von Arbeitgebern verantwortlich sind.

Neben Standortqualitäten sind es allgemein zunehmend zum einen arbeitsplatzsichernde und zum anderen solche Faktoren, die Herausforderungen und Eigenständigkeit beziehungsweise Freiheit in der Gestaltung der Tätigkeit sicherstellen. Dem übergeordnet steht im Ergebnis ein »Wohlfühleffekt«, verbunden mit einem positiven Arbeitsklima und vor allem Vertrauen, welches den Mitarbeiter zur Identifikation mit dem Unternehmen und zur Performance anregt. Die Erfahrung zeigt, dass nur wenige Arbeitgeber geeignete Maßnahmen zur Sicherstellung dieser Rahmenbedingungen im Zuge ihrer Personalentwicklungsstrategie einführen und umsetzen. Langfristige Planung, die Eröffnung von Perspektiven und der dauerhafte Dialog über die persönliche Entwicklung lassen Personalmanagement so zu einem Erfolg werden.

Doch wo liegt der Vorteil von Unternehmen bei der Etablierung solcher Maßnahmen, die nachfolgend exemplarisch noch aufgezeigt werden?

Natürlich bedingt ein effizientes Wertemanagement einen Kulturwandel, der sicherlich nicht kurzfristig umsetzbar ist. Im Interesse aller Stakeholder ist jedoch die langfristig erkennbare Praktizierung von Werten, die eine nachhaltig erkennbare Strategie begleiten und zu eben der Sicherheit führen, die die Bedürfnisse der heutigen Arbeitnehmerschaft reflektieren.

Benötigt wird ein Selbstverständnis von Wertemanagement in Form einer strategischen Setzung von Prioritäten. Das Management von Werten als Strategie ist ein, wie oben bereits eingeräumt, zunächst nicht griffiges Unternehmensziel.

Das Verständnis der Verfasser ist auch hier, vor allem einen Umdenkprozess einzuleiten. Ein Prozess, der dabei vor allem von der mittleren Hierarchieebene mitgetragen werden muss – als Sprachrohr zum Mitarbeiter.

Ein nachhaltiges Wertemanagement wird selbstverständlich vom Vorleben getragen. Die ehemals elitefeindliche und egalitäre deutsche Grundeinstellung kann heute insbesondere durch Vorbildfunktion von Führungskräften auf allen Hierarchiestufen beeinflusst und verändert werden.

Maßnahmen können sein:

- Erhöhung des Wohlfühlfaktors und der Verbundenheit,
- transparente Leistungsentlohnung,
- integre interne Wettbewerbsbedingungen,
- Mut zur »Entschlackung«,
- offene Kommunikation.

Es ist den Verfassern durchaus bewusst, dass ein solch gefordertes Wertemanagement mit nicht unerheblichen Vorleistungen aus Unternehmenssicht verbunden ist. Ferner ist offensichtlich, dass auch die Messbarkeit der Erfolge oftmals keine direkte Zuordnung zum Wertemanagement erlaubt.

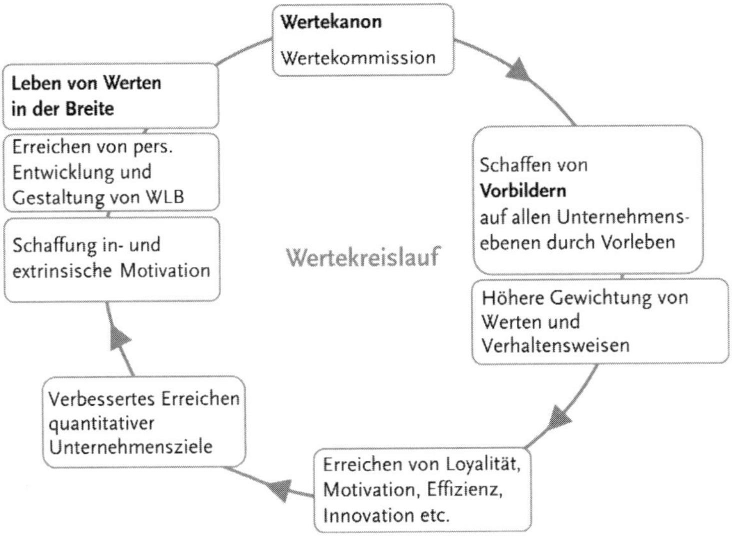

Abb. 5 Wertekreislauf schafft Identifikation

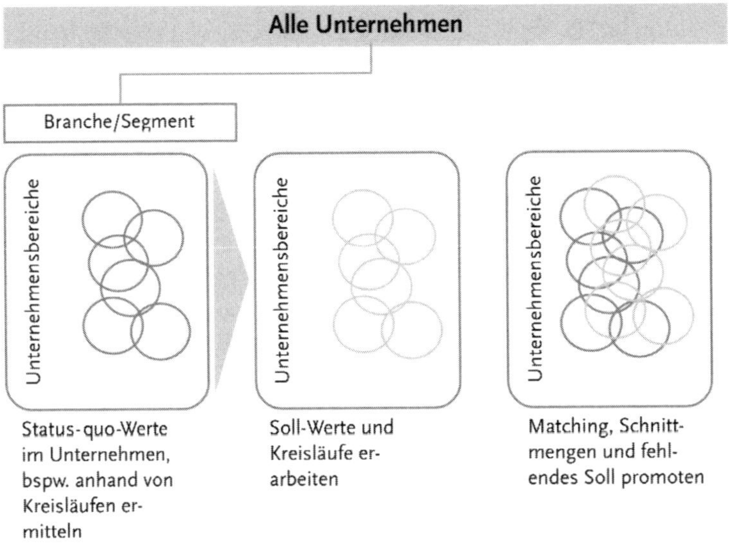

Abb. 6 Anwendung in der Praxis

Dabei gibt es – auch aufgrund der Breite des Themas – keinen allgemeinverbindlichen Plan zur Einführung und Umsetzung. Beispielhaft können jedoch die Abbildungen 5 und 6 dienen, die es Unternehmen anhand von Wertekreisläufen ermöglichen, ein Wertemanagement einzuführen und zu steuern.

4.3 – Zu den Dimensionen des Wertemanagements

Werteverständnis und Wertewandel

Dr. Georg Horntrich

Von Werten ist wieder die Rede. Eine Rückbesinnung auf Werte in einer Krise und Verunsicherung ist weder ungewöhnlich noch in irgendeiner Weise falsch oder ein Zeichen von Schwäche. Es ist vielmehr eine angemessene Reaktion. Den Bezug auf Werte kennt man aus Sonntagsreden ebenso wie aus Situationen, in denen das übliche Geschäft aus dem Ruder gelaufen ist und zu Ergebnissen geführt hat, die allgemein verurteilt werden und nun schließlich auch einen selbst treffen. Die Selbstverständlichkeit dieser Rede von Werten kann allerdings manchem Missverständnis und mancher Selbsttäuschung Vorschub leisten, wenn alle so tun, als wüssten sie schon, was Werte sind und welche gemeint wären. Denn der Wertebegriff ist ebenso heterogen und vielfältig, wie die jeweils behaupteten Werte selbst. So gibt es Ansätze, welche die Werte in einem Reich der Ideen ansiedeln, andere halten sie geradezu empirisch zugänglich, beispielsweise über einen gefühlten Mangel. Darüber hinaus kann man ihnen eine eigenständige Existenz zuschreiben oder sie abhängig von Gütern, Situationen oder Werturteilen sehen. Ebenso können diese Ansätze eine eher traditionalistische oder eine progressive Form annehmen. Man kann sie als zeitlose Ordnungskriterien, die nur in die jeweilige Situation übersetzt werden müssten, oder als Ausdruck eines Lebensstils einer Gruppe, Generation oder Gesellschaft verstehen.

Bei aller Werte-Konjunktur – so meine These – sind wir uns gar nicht so einig, was denn Werte sind, welche wir meinen und was wir unter den jeweiligen Werten verstehen. Gegen diese vielfältigen Ansätze möchte ich ein ganz einfaches Modell zum Verständnis der Werte zu bedenken geben, welches auf möglichst wenigen Voraussetzungen aufbaut.

Der Alltag ist von Entscheidungen geprägt. Entscheidungen sind mehr als nur eine willkürliche Auswahl von Alternativen, sie setzen ein Mindestmaß an *Bewertungen* des Status quo wie möglicher Alternativen voraus. In diese Bewertungen kann eine Vielzahl von Perspektiven, beispielsweise ökonomische, soziale, juristische, kulturelle eingehen, einige davon mögen dominierend sein. Doch hinter diesen Bewertungen steht kein anonymes System, vielmehr stehen Personen in ihrer unterschiedlichen Prägung dahinter, die in ihrer jeweiligen Rolle und Funktion entscheiden. Dieses Bewerten ist ein Vorziehen und Zurücksetzen, womit keineswegs gesagt ist, dass das eine allein wertvoll und das andere wertlos sei. Werte halten diese Vorzugshandlung in einer Kurzformel, einem Symbol fest. Werte gehen nicht aus einzelnen Entscheidungen hervor, vielmehr bilden sie eine *gemeinsame* Erfahrung aus einer Vielzahl sehr heterogener Entscheidungssituationen ab. Sie halten fest, was als wertvoll erfahren wurde. In der einzelnen Entscheidung werden Werte dann realisiert, aktualisiert und umgeformt. Ändern sich nun derart typische Entscheidungssituationen oder tauchen völlig neuartige auf, dann wandeln sich auch die entsprechenden Werte oder es entstehen neue. Werte lassen sich demnach als Symbole zur Orientierung in einer komplexen, sich wandelnden Welt verstehen. Sie sind eine Stütze in Dilemmasituationen, indem sie in Erinnerung bringen, was auf dem Spiel steht. Sie können so einen langen Abwägungsprozess, insbesondere in komplexen, unübersichtlichen Situationen vereinfachen, indem sie Vorzugshandlungen nahe legen, doch mehr noch sichern sie das, was der entscheidenden Person wichtig ist, und damit schließlich auch die Identität der Person selbst.

Wo Entscheidungen getroffen werden, werden implizit auch Werte geprägt. Damit ist noch nichts über diese Werte selbst ausgesagt, noch darüber, ob sie mit dem Selbstbild oder den postulierten Werten der entscheidenden Person übereinstimmen. Wenn Menschen entscheiden, tun sie dies weder in einem neutralen Raum, noch nur für sich oder nur im Blick auf sich selbst. Sie sind eingebunden in ihre persönliche Geschichte und in dem, was in den Organisationen oder der Gesellschaft gilt. Vor allem aber sehen sie sich in Funktionszusammenhängen, die nach ihren eigenen Gesetzlichkeiten ablaufen. Werte bilden keine Gegenmacht gegen diese Mechanismen. Sie geben allerdings Orientierung in einer komplexen, sich permanent verändernden Welt, indem sie Perspektiven zur Geltung bringen, die in einem eindimensionalen oder technokratischen Entscheiden verdrängt werden. Das ist jedoch nicht gering zu schätzen.

Werte sind nicht per se moralische Werte, ebenso gut gibt es ökonomische und soziale sowie individuelle und öffentliche Werte. Zwischen diesen gibt es weder eine Rangfolge, in etwa dass die einen generell den anderen vorzuziehen wären, noch eine Austauschbarkeit. Vielmehr gilt es, die Werte der jeweiligen Dimension zugleich zur Geltung und in Einklang zu bringen. Sie gehen ineinander über, wie ja auch in jeder Situation alle diese Dimensionen enthalten sind, folglich sollten sie auch alle in die Wertung eingehen. Die rücksichtslose Durchsetzung nur einer Dimension und somit nur eines Wertes stellt eine unangemessene Reduktion der Komplexität der Situation dar und führt über kurz oder lang zu Fehlentwicklungen, die nicht ohne negative Rückwirkungen auf die allein bevorzugte Dimension bleibt. Werte sprengen und überschreiten die Grenzen der isolierten Situation wie die eines einzelnen Systems. Eine Vielzahl von Entscheidungen prägt schließlich auch eine Organisation. Welche Werte tatsächlich wirksam sind und nicht nur in der Selbstdarstellung proklamiert werden, zeigt sich im Konfliktfall. Die entscheidende Frage ist deshalb: Was setzt sich in Dilemmasituationen durch, was gilt tatsächlich, und was wird nur postuliert?

Wenn Werte aus dem Entscheiden und Werten hervorgehen, dann heißt dies noch nicht, dass der individuelle Mensch sich die Werte selbst schafft, wie auch Werte sehr wohl von Interessen zu unterscheiden sind. Das Werten geschieht in einer Geschichte und in strukturellen Zusammenhängen. Individuen übernehmen Werte, gestalten sie um und sind in dieser Weise individuell wertschöpferisch. Werte sind insofern vergleichbar mit der Sprache, die immer individuell gesprochen wird und dennoch zugleich die Sprache einer Gemeinschaft ist. Von daher wird deutlich, dass eigenständige Sprach- beziehungsweise Werträume existieren, die jedoch keineswegs geschlossen sind, sich vielmehr im Austausch mit anderen Sprach- beziehungsweise Werträumen befinden. So wie man in eine Sprache hineinwächst, wächst man auch in eine Wertewelt hinein und macht sie sich zu Eigen. Wie eine Sprache sich wandelt und die gewandelte Realität wiedergibt, so wandeln sich Werte, um an der gewandelten Realität nicht vorbeizugehen. Werte müssen in eine konkrete Welt passen und dürfen nicht Zeugen einer vergangenen Generation oder untergegangenen Welt sein. Nicht selten überlagern sich Generationen- und Wertkonflikte. Jede Generation, Gruppe, ja selbst jede Situation bringt eigene Werte zur Geltung, was jedoch kein Zeichen von Dekadenz oder Willkür, sondern Zeichen der Lebendigkeit eines Werturteils ist.

Von diesem Verständnis her ist auch ein Wertewandel verstehbar, welcher einerseits ein echter Wandel der Werte und nicht nur ein Wandel der Erscheinungsform überzeitlicher unverrückbarer Werte ist und andererseits den Werten eine normierende Kraft zuschreibt und sie nicht nur als Ausdruck eines Lifestyles abtut. Werte, die nach dem obigen Verständnis vom Werten des Subjekts ausgehen, sind eng an das Selbstverständnis und die Lebensmöglichkeiten dieser Generation oder Gruppe gebunden. In einer sich wandelnden Welt wandeln sich auch Werte. Wer also angemessen auf den Wandel reagieren will, muss neben allen anderen »Anpassungsleistungen« auch seine Werte erneuern, a) um angemessen auf die gewandelte Realität zu reagieren und b) um diese neuen Verhältnisse auch gestalten zu können.

Veränderte Werte stellen in gewisser Hinsicht eine mentale Anpassung an gewandelte Realitätsbedingungen dar. Es geht aber nicht um eine Anpassung an eine Systemlogik, sondern um die Lebens-, Arbeits- und Entwicklungsbedingungen der Menschen in diesem System. Der Wandel der Bedingungen erfordert andere Typen, er begünstigt jene, die dem entsprechen, und benachteiligt andere, die von den vorherigen Bedingungen profitierten oder nun nicht mehr mitkommen. Insofern ist es geradezu logisch, dass mit jedem Modernisierungsschub, der die Lebensverhältnisse ändert, eine neue Wertediskussion aufkommt.

Angemessene Werte zielen auf Problembewältigungsfähigkeiten, die eben nicht unter allen Bedingungen die gleichen sind. Sie korrelieren aber nicht nur mit Verhaltensorientierungen, sondern auch eng mit der Mentalität einer Person oder Gruppe. Erleben wir gegenwärtig einen Mentalitätswandel? Für einen kurzen Zeitraum ist so etwas schwer zu sagen. Auf die Frage, ob wir einen Mentalitätswandel brauchen, wird man aber von verschiedener Seite heftige Zustimmung ernten. Wenn es nun aber darum geht, welchen Mentalitätswandel wir brauchen, dann wird deutlich, dass hier um Wertorientierungen gestritten wird.

Ein *Wertewandel* ist nicht unbedingt, ja vielleicht nur in Extremfällen, ein Alt gegen Neu, sondern geschieht *durch die Integration neuer Werte,* die sich unter den neuen Bedingungen als wichtig erwiesen haben. Man ändert Werte nicht aktiv und willkürlich, sondern stellt fest, dass die Wertungen sich nicht mehr mit den Symbolen anderer Zeiten erfassen und somit auch kommunizieren lassen. Werte sind demnach nicht nach Geschmack und Nützlichkeit manipulierbar. Sie müssen wohl der jeweiligen Realität angemessen sein, sie überschreiten jedoch diese Realität, indem sie zur Geltung bringen, wozu die jeweiligen Systeme nicht in der Lage sind, was diesen Verhältnissen fehlt und worauf zumindest die Menschen in diesen Systemen angewiesen sind. Menschlichkeit und Fairness geht beispielsweise aus dem noch so perfekt funktionierenden Markt nicht hervor. Das System mag vielleicht funktionieren, doch die Menschen in diesem System funktionieren nicht einfach, sie brauchen mehr, nämlich eine Brücke zwischen der Systemlogik und dem eigenen Verhalten und ihren Erfahrungen. Die Wertediskussion zeigt, dass reine Systemlogik nicht ausreicht.

Wertewandel ist so verstanden kein Verlust von Werten mehr, sondern deren Aktualisierung und Realisierung, Werte bekommen eine Gegenwart. Neue Werte sind demnach der symbolische Ausdruck für eine neue Realität, insofern ist dann weniger von einer Hierarchie der Werte, als vielmehr von angemessenen und weniger angemessenen Werten zu reden. Unter den veränderten Bedingungen der Realität gibt es neue Möglichkeiten, die einer Wertung unterzogen werden und aus denen dann Ansprüche hervorgehen können. Ein kultureller Wandel geht meist mit Konflikten, Missverständnissen und Misstrauen einher. Wie sehr Werte in einen Wertewandel eingebunden sind, zeigt sich daran, dass Werteerfahrungen immer auch Krisenerfahrungen sind.

Diskussionen um den Wertewandel sind in ihrem wiederkehrenden Charakter keineswegs redundant oder in ihren Besorgnissen nicht ernst zu nehmen. Sie sind Momente der Selbstvergewisserung, wenn Selbstverständlichkeiten und damit Teile der bisherigen Identität sowohl von Individuen als auch der Gesellschaft als Ganzes infrage gestellt werden. Identitäts- wie Wertkrisen gehen auf eine neue, veränderte Wahrnehmung zurück, die ihre Ursache in einem äußeren Wandel haben kann, die aber ebenso gut auf einen inneren Wandel, auf ein neues Sehen, Denken und auf eine neue Sensibilität zurückgehen kann. Wenn Werte der Selbstvergewisserung dienen, dann ist eine Reflexion über Werte eine Standortbestimmung für diese Person oder Gruppe, zugleich aber auch eine Reflexion über die Lebenschancen in ihrer Umwelt, insbesondere über die noch nicht ausgeschöpften.

Wie kommt man zu Werten? Es wird meist die Frage nach Vorbildern gestellt. Kann man von Vorbildern lernen? Sicherlich lernen wir von den Vorgesetzten, die wir im Laufe des Berufslebens hatten. Ob sie Vorbilder sind oder einer »Galerie der Enttäuschungen«[31] gleichen, welche zeigt, wie man es nicht tun sollte, ist dabei weniger entscheidend. Individuell müssen derartige Negativerfahrungen nicht notwendig zu einer völligen Werteabstinenz führen. sie können sogar wirksamer sein, so wie manche Kinder von Alkoholikern Abstinenzler werden. Idealerweise lernt man durch Vorbilder, aber Ideale sind nun einmal eher eine Kritik an der gegenwärtigen Realität als die Beschreibung derselben. Die konstruktive Auseinandersetzung ist eine große Chance für eine Organisation oder ein Unternehmen sich weiterzuentwickeln. Das Klima in einer Organisation bestimmt, wie wahrscheinlich ein solch konstruktives Verhalten ist. Die andere Form, auf kritikwürdige Zustände und Fehlanreize in einer Organisation zu reagieren, wäre opportunistische Anpassung, doch diese verfestigt die bestehenden Zustände und verhindert so deren Weiterentwicklung, womöglich bis zum Zusammenbruch des Systems.[32]

Für die Kultur im Unternehmen ist es dagegen entscheidend, welche Werte die Vorgesetzten wie vorleben. Es ist ein Signal für das, was gilt im Unternehmen. Wenn Kurzfristigkeit und persönliche Bereicherung an der Führungsspitze vorgelebt werden, warum sollten die Mitarbeiter anderes tun? Die Spieltheorie zeigt, dass eine Verhaltenskombination gemeinwohlorientiert/eigennutzorientiert instabil und unwahrscheinlich ist. Die Herausforderung besteht darin, einen Rahmen zu schaffen, der kooperatives, gemeinwohlorientiertes Verhalten wahrscheinlich macht. Dies müssen nicht direkt Vorteile sein, die aber sicherlich hilfreich und wirksam wären; schon allein die Verlässlichkeit, dass eigenes Wohlverhalten, Fairness, Kooperativität und in der Folge die zentralen Werte im Unternehmen nicht ausgebeutet werden, würde schon eine Menge bewirken, ja ist eine unabdingbare Voraussetzung für eine solche Verhaltensorientierung. Ist aber nicht die Erfahrung, dass dieses Verhalten ausgebeutet wird, geradezu alltäglich in den Unternehmen? Herrscht in den Unternehmen oder Organisationen überhaupt ein Klima, wo nicht jede offene Flanke ausgebeutet wird?

Vergleicht man nun die Werte der Gruppe von jungen Fach- und Führungskräften, welche den Wertekatalog formulierten, mit den Werten der vorangehenden Generationen, so bestätigt sich ganz allgemein der lang anhaltende Trend von den materiellen zu den postmateriellen Werten.[33] Doch bemerkenswert ist die starke Stellung expliziter Arbeitswerte, die sowohl auf ein ausgeprägtes Leistungsbewusstsein schließen lassen, wie auf eine verstärkte Unsicherheit in dem gesamten Bereich der Arbeitswelt. Darüber hinaus ist das Vertrauen in das reibungslose Funktionieren der Institutionen geschwunden, wenngleich gerade im Gegensatz zu der vorangegangenen Generation diese Institutionen nicht mehr als zu bekämpfen, noch als unbedingt zu schützen angesehen werden. Man sieht sich vielmehr auf sich selbst und bestenfalls noch auf die eigenen Netzwerke gestellt.

Eine Erklärung für die Dominanz von spezifisch auf das Arbeitsleben bezogenen Werten findet sich einerseits bei den Initiatoren (jungen Fach- und Führungskräften), andererseits bei der Hauptzielgruppe, den gegenwärtigen Firmenlenkern, denen damit auch kommuniziert werden soll, wie Firmen sein sollten, damit diese Personengruppe gern bei ihnen arbeiten würde. Auffallend ist dennoch, dass soziale und politische Werte kaum auftauchen, zum Beispiel Zivilcourage, welche sehr wohl nötig ist, um Unregelmäßigkeiten im Wirtschaftsleben bis hin zur Korruption eindämmen zu können.

All dies drückt sich in konkreten Werten wie: Flexibilität, Effizienz, persönliche Entwicklung, Work-Life-Balance aus. Bei der

Vielfalt der Lebensläufe, -stile und -formen sowie der Erfahrung, dass es nicht nur einen richtigen Weg gibt, dass bei aller Unterschiedlichkeit das menschliche Miteinander ebenso wichtig ist für das persönliche Wohlbefinden wie Erfolg, gewinnen Werte wie Respekt, Toleranz, Vielfalt, Anerkennung und Vertrauen an Bedeutung. Pünktlichkeit, Fleiß, Pflichterfüllung und Loyalität, jene Werte, um die in den Frühzeiten der Industrialisierung gerungen wurde, sind heute kaum ein Thema. Damit ist noch nichts über ihre Werthaltigkeit ausgesagt, sehr wohl aber, dass sie heute kein Problem (Engpass) darstellen.

Die Identifizierung mit einer Firma, welche früher selbstverständlich war, ist bei einem permanenten Wandel und dem Zwang, ebenso gut woanders arbeiten zu müssen, geradezu hinderlich. Es ist naheliegend, dass Unternehmen, die bei ihren Mitarbeitern keinen Wert auf Identifizierung und Loyalität legen, diese auch nicht bekommen. Firmen erwarten von ihren Mitarbeitern diese Flexibilität. Aber stellen sie ihrerseits das bereit, was die Mitarbeiter benötigen, um diese Flexibilität erbringen zu können? Es ist im Detail zu prüfen, wo die Betriebsstrukturen und praktizierten Werte den von den Mitarbeitern erwarteten Werten und Eigenschaften entsprechen, doch es ist sicherlich mehr als nur eine vage Vermutung, dass die Anpassungskosten einer sich permanent wandelnden Wirtschaft auf die Mitarbeiter abgewälzt werden. Man muss nicht gleich Ignoranz oder bösen Willen hinter diesen Mängeln vermuten, es mag auch schlicht daran liegen, dass sehr wohl Anpassungsleistungen, welche veränderte Bedingungen des Wirtschaftens erfordern, hinsichtlich des Marktes und der Wertschöpfungsketten erbracht werden, nicht jedoch bezüglich der Mitarbeiter, weil man um sie gegenwärtig noch nicht so heftig kämpfen muss. Hier hinkt man dem Wandel hinterher.

Die heutigen sozialen und ökonomischen Strukturen erfordern unter anderem Kreativität und Flexibilität. Interessant ist nun, dass in einer repräsentativen Umfrage[34] des IAB-Betriebspanels bei Führungskräften der Wirtschaft eher traditionelle Werte wie Arbeitsmoral/Arbeitsdisziplin, Qualitätsbewusstsein und Erfahrungswissen in der Wichtigkeit ganz oben rangieren, deutlich vor Flexibilität und Kreativität, welche abgeschlagen an letzter Stelle rangieren. In derselben Erhebung schreiben sie die favorisierten

Werte und Eigenschaften eher Älteren zu. Es geht keinesfalls darum, Ältere und Jüngere gegeneinander auszuspielen, aber bemerkenswert ist schon, dass postulierte und praktizierte Wertungen nicht konsistent sind, wenn man bedenkt, wie niedrig die Quote älterer Beschäftigter in deutschen Unternehmen ist. Darüber hinaus zeigt dieses Beispiel, dass die favorisierten Werte nicht unbedingt den Herausforderungen der Situation entsprechen, sondern dass man sich in Situationen der Unsicherheit, geradezu aus Verunsicherung heraus auf alte, vergangene Werte zurückzieht, zumindest die neuen Verhältnisse nicht mit neuen Werten gestaltet.

Aus der Perspektive einer Wertediskussion ist die personalpolitische Fixierung allein auf Jüngere noch von einem anderen Aspekt her problematisch. Hinter dem Verlangen nach Jüngeren steht der Gedanke deren größerer Anpassungsfähigkeit und Formbarkeit. Nach den skizzierten Ausführungen zum Wertewandel wird man sicherlich nicht gleich Anpassungswilligkeit und Wertorientierung als einander ausschließend betrachten. Reine Systemkonformität und Wertorientierung schließen einander aus. Wer Anpassung auf diese Weise wünscht, hält nicht die implizite Kritik einer Wertorientierung aus und hemmt so die Entwicklung des eigenen Unternehmens.

Corporate Governance – Werte der Immobilienbranche im Rahmen der Corporate Governance – Was hat das eine mit dem anderen zu tun?

Klaas Ockens

Immobilien: Jeder Wert hat seinen Preis

Gemessen an ihren materiellen Werten stellen Immobilien einen bedeutenden Anteil in der Vermögensrechnung einer Volkswirtschaft dar. Das Gesamtvermögen, das allein in Deutschland in Immobilien gebunden ist, wird auf circa 5,5 Billionen Euro geschätzt. Dies sind circa 85 Prozent des deutschen Nettoanlagevermögens oder eine jährliche Bruttowertschöpfung von mehr als 250 Milliarden Euro.[35] Erhebliche Werte also. Auch für jeden einzelnen Marktteilnehmer, der sich mit Immobilien beschäftigt – egal ob als institutioneller Kapitalanleger oder als privater »Häuslebauer« – sind die mit Immobilientransaktionen verbundenen Entscheidungen und Kapitalflüsse in der Regel außerhalb des normalen Tagesgeschäftes und erfahren daher immer eine besondere Aufmerksamkeit. Entscheidungen, die mit dem An- und Verkauf von Immobilien verbunden sind, haben in der Regel einen erheblichen Einfluss auf die jeweilige Vermögensdisposition des Käufers oder Verkäufers und seine zukünftigen Erträge oder Aufwendungen.

Unabhängig davon liegt der messbare Wert von Immobilien historisch auch in ihrer Stabilität. Immobilien gelten nach wie vor – oder vielmehr heute erst recht – als sichere und wertstabile Anlageform, die gegenüber anderen, gerade in der jüngsten Vergangenheit volatileren Investments stabile Erträge bei gleichzeitig nur eingeschränktem Risiko generieren und nicht selten als Hort stiller Reserven für schlechte Zeiten angesehen werden.

Über diese unmittelbaren materiellen Werte hinaus bedeuten Immobilien häufig aber auch Werte im Sinne einer ethischen Definition wie Sicherheit, Solidität, Einzigartigkeit und – auch wenn sich hier am Beispiel häufig die Geister scheiden – Schönheit. Nicht umsonst spricht man immer dann von »Liebhaberimmobilien«, wenn der geforderte Preis für ein bestimmtes Gebäude über den reinen monetären Wert hinausgeht.

Im Gegensatz dazu steht der Eindruck, den die Immobilienbranche in einer Öffentlichkeit erweckt. Die Werte oder vielmehr Un-Werte, mit denen Akteure in der Immobilienwirtschaft häufig in Verbindung gebracht werden, sind teilweise wenig schmeichelhaft und, wie die Skandale in der letzten Zeit belegen, leider häufig berechtigt. Das Vertrauen der Öffentlichkeit, hauptsächlich aber das der Kunden und Anleger in die Immobilienbranche ist nach einer Reihe von Skandalen in der jüngsten Vergangenheit erschüttert. Die jährliche Schadenssumme durch Korruption in der Immobilienwirtschaft in Deutschland kann aufgrund einer geschätzten Dunkelziffer von 90 Prozent nicht genau benannt werden. Die Bau- und Immobilienbranche ist jedoch neben dem Gesundheitswesen einer der korruptionsanfälligsten Wirtschaftszweige in Deutschland überhaupt. Der Ideenreichtum, mit dem hier vorgegangen wird, kennt kaum Grenzen: Bei Grundstücksgeschäften werden Makler auch dann eingeschaltet, wenn sich Käufer und Verkäufer einer Immobilie bereits kennen und handelseinig sind, Bestechungsgelder finden sich im Schatten von Rechnungen über »Bauleistungen« wieder, Immobilienfonds werden zu hoch bewertet, beim luxuriösen Ausbau des Eigenheimes werden Freundschaftsdienste in Anspruch genommen – im gesamten Bundesgebiet sind Makler, Projektentwickler, Banken, Architekten und Fondsinitiatoren in solche Machenschaften involviert gewesen.

Warum gerade die Immobilienbranche überproportional viele schwarze Schafe anzieht oder ob einfach das Interesse der Öffentlichkeit für diesen Sektor der Volkswirtschaft höher ist, sei dahingestellt.

Die Anfälligkeit, moralische Werte gegenüber den finanziellen zu vernachlässigen, liegt in der Struktur der Immobilienbranche in Deutschland begründet, die überwiegend noch atomistisch geprägt ist und in der Regel lokal begrenzt in ein enges Beziehungsgeflecht aus Politik und Wirtschaft eingebunden agiert. Professionalität und berufliche Standards, die in anderen Wirtschaftszweigen selbstverständlich sind, stellen hier eher die Ausnahme als die Regel dar. Der zunehmende Druck von der Kapitalmarktseite, der in vielen anderen Branchen bereits erhebliche strukturelle Veränderungen herbeigeführt hat, greift hier oftmals nicht. Das Immobiliengeschäft in Deutschland findet überwiegend noch außerhalb der Börsenräume statt und entzieht sich somit einer wirkungsvollen Kontrolle.

Ob dies nun ausschließlich an mangelnden Kontrollmechanismen oder aber zum Teil vielleicht an mangelnden ethischen Werten der handelnden Personen in dieser Branche liegt, mag umstritten sein. Klar ist jedoch: Das Vertrauen der Anleger in die Immobilienbranche muss im wohlverstandenen eigenen Interesse wieder gestärkt werden.

Neue Werte durch Corporate Governance in der Immobilienbranche?

Vertrauensbildend für Geschäftspartner von Börsenunternehmen wirkt der im Jahre 2002 von der Regierungskommission Corporate Governance unter Vorsitz von Dr. Gerhard Cromme veröffentlichte *Deutsche Corporate Governance Kodex.*

Der Kodex wurde zum Zwecke der Gewährleistung von Transparenz bei der Unternehmensführung und -kontrolle (sowohl innerhalb als auch außerhalb des Unternehmens) sowie der Unabhängigkeit von Aufsichtsgremien und somit zur Früherkennung von Fehlentscheidungen entwickelt. Das Pflichtmodell für gelistete Unternehmungen regelt im Einzelnen sowohl ein ausgewogenes Zusammenwirken von Vorstand und Aufsichtsrat als auch die Beachtung der Aktionärsrechte, die Offenlegung von Eigengeschäften und Interessenskonflikten, die Eignung von Aufsichtsratsmitgliedern sowie die Angemessenheit von Vergütungsstrukturen. Wenngleich dieser Kodex sich in erster Linie an Aktiengesellschaften wendet, sind die Ziele, die damit verfolgt werden, grundsätzlich unabhängig von der Rechtsform beziehungsweise der Eigenkapitalfinanzierung eines Unternehmens.

Zunehmend wächst auch bei deutschen mittelständischen Unternehmen mit einem geschlossenen Gesellschafterkreis die Bereitschaft, eigene Corporate-Governance-Regeln zu entwerfen und sich zu diesen zu bekennen. Gleiches gilt für die Bau- und Immobilienbranche. Die Besonderheiten der deutschen Immobilienwirtschaft werden über den so genannten Cromme-Kodex nicht explizit erfasst. Deshalb hat sich im Herbst 2002 die »Initiative Corporate Governance der Deutschen Immobilienwirtschaft e.V.« konstituiert. Die Initiative hat sich zum Ziel gesetzt, Grundsätze einer transparenten und professionellen Unternehmensführung in der Immobilienwirtschaft zu erarbeiten und zu etablieren. Bisher hat die Initiative die *Grundsätze ordnungsmäßiger und lauterer Geschäftsführung der Immobilienwirtschaft* aufgestellt und verabschiedet. Diese Leitlinien verpflichten die Mitglieder der Branche auf Werte wie Professionalität, Transparenz und Fairness gegenüber Anlegern, Geschäftspartnern, Mietern, Mitarbeitern und nicht zuletzt der Öffentlichkeit. In dem zehn Punkte umfassenden Leitfaden steht an erster Stelle die Verpflichtung der Unternehmensleitung, ausschließlich im Interesse der Anteilseigener oder der Anleger, für die ein Unternehmen treuhänderisch tätig wird, zu agieren mit dem Ziel, den Unternehmenswert oder das anvertraute Immobilienvermögen zu steigern. Sachkunde, die erforderliche fachliche Eignung und Erfahrung, eine adäquate Organisationsstruktur sowie ausreichende interne Kontrollsysteme zur Risikosteuerung sollen die Basis hierfür bilden.

Ein weiterer zentraler Baustein ist die sachgerechte, objektive und vor allem marktgerechte Bewertung des eigenen, oder, im Falle der Dienstleistung für Dritte, des anvertrauten Immobilienbestandes. Dass gerade dieser Aspekt nicht zu unterschätzen ist, zeigt die Diskussion um die Bewertung der Immobilienvermögen der großen, offenen Publikumsfonds im Jahre 2005.

In einem weiteren Schritt hat diese Initiative ein Wertemanagementsystem entwickelt, das den Mitgliedsunternehmen die Orientierung an ethischen Werten als den Grundpfeiler ihrer professionellen Kultur empfiehlt. Dieser Leitfaden unterstreicht nochmals die Integrität und gesellschaftliche Verantwortung als Basis einer transparenten und fairen unternehmerischen Tätigkeit der Branche. In fünf Bausteinen werden dabei die Erwartungen in Form spezifischer Leitlinien definiert, die von den Mitgliedsunternehmen als verbindlich anerkannt werden sollten.

In der Grundwerteerklärung, dem so genannten *Code of Ethics,* wird das Bekenntnis zu Werten wie Integrität, Transparenz, Vertraulichkeit und Professionalität dokumentiert. Diese Grundwerteerklärung soll den Wert des Kundeninteresses im Einklang mit den Eigeninteressen betonen, auf die Prävention von vorsätzlich widrigen Handlungen zielen und von jeder Branche beziehungsweise jedem Mitgliedsunternehmen selbstverpflichtend und individuell gestaltet werden. Auch die Gewährleistung von Transparenz im Hinblick auf die Bewertung und Nutzung von Immobilien sowie in allen Belangen des Transaktions- und Vergabeprozesses sollen als grundlegende Aspekte berücksichtigt werden. Ebenso betrifft dies Offenlegungspflichten bei Konflikten zwischen den eigenen Interessen und denen anderer sowie zwischen persönlichen Interessen und denen des Unternehmens. Ein weiterer Punkt ist die Gewährleistung von Vertraulichkeit im Hinblick auf sensitive und private Informationen von Geschäftspartnern.

Im zweiten Baustein werden die in der Grundwerteerklärung definierten Werte in einem konkreten Verhaltensstandard fixiert. In diesem Dokument sollen verbindlich alle Regeln für bestimmte sensible Geschäftsbereiche und deren organisatorische Umsetzung festgelegt werden. Hierzu gehören die Verpflichtungen auf die Einhaltung der staatlichen Gesetze und Verordnungen, die Regelung von Verfahren und/oder Institutionen zur Vermeidung – oder mindestens aber Offenlegung und Kontrolle – von möglichen Interessenkonflikten, Regelungen für Nebentätigkeiten von Mitarbeitern und Zuwendungen an Mitarbeiter beziehungsweise Geschäftspartner sowie die Schaffung von Transparenz im Geschäftsbereich mit einem hohen Verhaltensrisiko.

Der dritte Baustein regelt die Verbindlichkeit dieser Verhaltensstandards, indem alle relevanten und involvierten Mitarbeiter hierüber ausführlich informiert werden.

Der vierte Baustein beinhaltet die Verpflichtung zu einer kontinuierlichen und systematischen Kommunikation dieser Verhaltensstandards. Darüber hinaus geht der Ansporn von Führungskräften, die jeweiligen Verhaltenstandards als Bestandteil ihrer eigenen Leistung anzunehmen und in entsprechenden Zielvereinbarungen und Bonusregelungen für sich als verbindlich anzuerkennen.

Im fünften Schritt soll schließlich die Sicherstellung der Existenz und Wirksamkeit dieses Wertemanagements zum Beispiel in Form des Einsatzes eines Compliance-Officers oder interne beziehungsweise externe Audits gewährleistet werden. Durch die Unterzeichnung einer Selbstverpflichtungserklärung bestätigen die Mitglieder der Initiative, dass ihr Wertemanagement den Anforderungen dieses Leitfadens entspricht.

Trotz dieser detaillierten Regelungen darf nicht übersehen werden, dass Corporate Governance kein international standardisiertes Kontrollinstrument ist oder sein soll. So wie sich Wertevorstellungen in einzelnen Unternehmungen unterscheiden können, unterliegen die jeweiligen nationalen Zielsetzungen erkennbar den jeweiligen kulturellen Wertevorstellungen.

Während Corporate Governance in Deutschland und in Japan beispielsweise versucht, nicht nur Interessenskonflikte zwischen Eigentümern und Unternehmensleitung zu lösen, sondern auch weitere Interessensgruppen berücksichtigt (Stakeholder System), besteht in den USA ein ausgeprägtes Shareholder-Value-System, das die Aktionäre und den Schutz ihrer Interessen in den Mittelpunkt der Betrachtungen stellt (siehe Abbildung 7).

Dementsprechend setzten Regelungen in Kontinentaleuropa eher auf Kontrolle von innen, wie zum Beispiel in Deutschland durch den Aufsichtsrat, in dem Arbeitnehmervertreter und häufig Repräsentanten von verbundenen – aber nicht unbedingt am Unternehmen beteiligten – Banken und Großunternehmen die Aufgabe haben, den Vorstand zu kontrollieren. Während in den USA und Großbritannien die Kontrolle über den Kapitalmarkt ausgeübt wird.[36]

Die Deutsche Immobilienwirtschaft befindet sich im internationalen Kontext noch im Anfangsstadium dieses Prozesses. Den ersten Maßnahmen müssen weitere folgen. Bis dato sind international tätige und börsennotierte Unternehmen Vorreiter dieser Entwicklung. Von den knapp 60 Mitgliedern der Initiative Corporate Governance der Deutschen Immobilienwirtschaft e.V. repräsentieren gerade einmal 5 Prozent inhabergeführte Unternehmen, die jedoch die Branche nach wie vor dominieren. Für mittelständische Immobilienunternehmen ist das Bekenntnis zu einem solchen Grundwertekodex offensichtlich noch keine Selbstverständlichkeit.

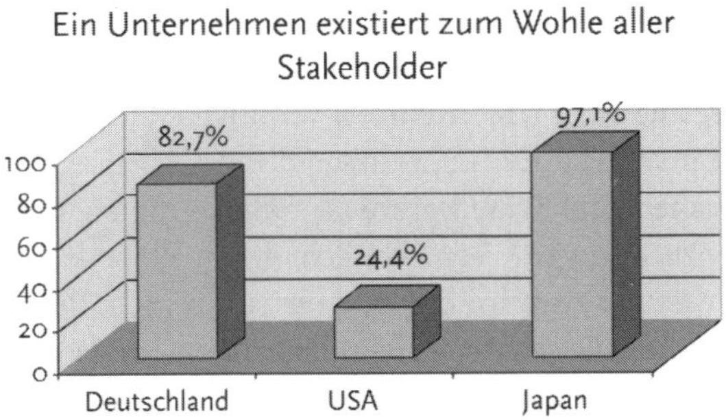

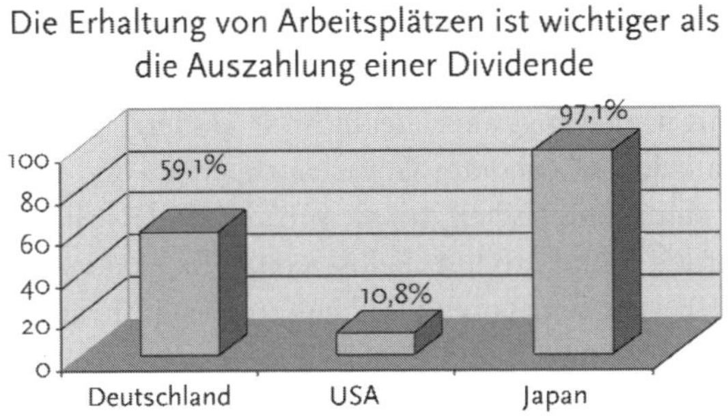

Abb. 7 Corporate Governance in Deutschland, Japan und den USA
Quelle: Universität Karlsruhe, Lehrstuhl für Finanzwirtschaft 2003 (eigene Darstellung)

Ausblick

Ob die Aufstellung selbstverpflichtender Regeln, deren Missachtung bis dato keine rechtliche Konsequenz hat, jedoch zu einer stärkeren moralischen Eigenverantwortung motiviert, ist fraglich. Zweifelsohne bildet sie eine Barriere für unwissentliches Fehlverhalten, da die Anerkennung von Verhaltensregeln zumindest ihre Kenntnisnahme voraussetzt. Unterstellt man jedoch vorsätzlich korruptes Verhalten – wie es in der Immobilienbranche in der Vergangenheit leider nachweislich vorhanden war –, kann die Prävention nur durch rechtzeitige Kontrollmaßnahmen unabhängiger Aufsichtsgremien gesichert werden, so wie es durch den Deutschen Corporate Governance Kodex für börsennotierte Unternehmen bereits verpflichtend geregelt ist.

Was für den einen gut und notwendig ist, ist für den anderen unnötige Bürokratisierung oder gar existenzbedrohend. Führt man auch für nicht börsennotierte Unternehmen verpflichtende Regeln ein, die zu mehr Transparenz führen, müssen diese konsequenterweise für alle Branchen und Unternehmensgrößen gelten – oder wo wird eine Grenze gezogen? Veröffentlicht beispielsweise ein Unternehmen mit weniger als zehn Eigentümern und einem Beirat aus drei Personen seine Geschäftsbeziehungen, können Wettbewerbsvorteile verloren gehen, und das Unternehmen hat im Schatten »der Großen« keine Chance mehr. Dieser Aspekt ist nicht unwesentlich, wenn man bedenkt, dass 80 Prozent der deutschen Unternehmen mit mehr als einer Million Euro Umsatz maßgeblich von Familien geführt beziehungsweise beeinflusst werden.

Nun könnte man den »Corporate Governance Hype« als eine weitere Modewelle abtun und warten, bis sie vorüber ist. Oberflächlich betrachtet werden ohnehin nur Selbstverständlichkeiten zu neuen Erkenntnissen erhoben. Ist es wirklich ein Beleg für einen sensiblen Umgang mit Werten, wenn Unternehmen stolz erklären, sie wollen bestehende Gesetze und Verordnungen zukünftig einhalten? Wer jetzt korrupt ist, bleibt es auch.

Bedenkt man jedoch die immer stärker werdende angelsächsische Prägung unserer Wertevorstellungen sowie die Folgen, die ein solcher »Hype« – wenn es denn einer ist – nach sich ziehen kann, könnte dies auch eine Chance sein, den zunehmenden Herausforderungen im Hinblick auf Professionalisierung, Internationalisierung und mehr Transparenz zu begegnen. Durch »Me-too-Effekte« wird ein branchenübergreifendes Commitment gesichert und ein Standard etabliert, bei dem sich jedes Unternehmen, das sich einer wirkungsvollen Corporate Governance verweigert, langfristig isoliert.

Die Wertediskussion in der Immobilienbranche ist in vollem Gange. Corporate Governance ist ein erster Schritt in die richtige Richtung. Corporate Governance selbst schafft aber keine Werte, sie kann sie nur schützen und im besten Fall institutionalisieren. Die Werte, die gerade für den Umgang mit großen Vermögenswerten wie Immobilien von besonderer Bedeutung sind, liegen nahe. Sich dessen bewusst zu sein und das eigene Verhalten daran auszurichten, ist eine Anforderung, die jeder, der in dieser Branche arbeitet, selbstverständlich an sich selbst stellen sollte.

Corporate Values

Dr. Robert von Steinau-Steinrück

Kaum ein größeres Unternehmen wagt es noch, nicht irgendwo – vorzugsweise auf seiner Website, gerne aber auch in einer schön aufgemachten Hochglanzbroschüre – auf seine »Values« aufmerksam zu machen. Unter der Überschrift »Ethikrichtlinien« oder »Unternehmensgrundsätze« finden sich meist Begriffe wie »Integrität«, »Leistung«, »Vertrauen« et cetera. In Gestalt von Zielvereinbarungen, »Mission Sheets« oder Ähnliches halten Corporate Values zugleich mehr und mehr auch Einzug in (arbeits)rechtlich verbindliche Vereinbarungen.

Skeptiker dieser Entwicklung berufen sich auf keinen Geringeren als Adam Smith. Von ihm stammt der Satz: »It is not from the benevolence of the butcher, the brewer, or the baker, that we expect our dinner, but from their own interest. We address ourselves, not to their humanity but to their self-love, and never talk to them of our own necessities but of their advantages.«[37]

Woher also diese Inflation der Unternehmenswerte? Es sind verschiedene Quellen, aus denen sie sich speist. Dazu zählen ganz wesentlich wohl die Corporate-Social-Responsibility-Bewegung (CSR), die Corporate-Governance-Regeln, der Sarbanes Oxley Act sowie die »Build-to-Last«-Schule.

Die CSR-Bewegung verfolgt das Ziel der Nachhaltigkeit mit dem Mittel ökologisch und gesellschaftlich verantwortlichen Handelns zur Sicherung von Zukunftskompetenz und Innovationsfähigkeit. Bedeutung hat sie unter anderem auch durch das Engagement der Europäischen Union erlangt. Ein Ergebnis davon ist wertorientiertes Handeln zur Erreichung von nachhaltigerem Erfolg.

Die Corporate-Governance-Regeln dienen als rechtlicher und faktischer Ordnungsrahmen für die Leitung und Überwachung eines Unternehmens. Sie gehen zurück auf die Regierungskommission, die den Auftrag hatte, mehr Transparenz für die deutschen Regeln zur Unternehmensleitung und -überwachung zu schaffen. Im Zusammenhang mit den daraus entwickelten Regeln finden sich häufig Corporate Values.

Eine weitere Quelle vieler Corporate Values ist der aus den Bilanzskandalen der letzten Jahre erwachsene Sarbanes Oxley Act. Er enthält unter anderem ethische Regeln zur Lösung von Konflikten zwischen privaten Interessen und denen des Unternehmens sowie Regeln zur Information der Öffentlichkeit über die Unternehmenslage; ferner eine Neuregelung der Verantwortlichkeiten von Unternehmensmanagern, ein intensiveres Haftungsregime für Wirtschaftsprüfer und schließlich verschärfte Anforderungen an die Richtigkeit veröffentlichter Finanzdaten. In Section 406 des Gesetzes ist ein »Code of Ethics« für alle »Senior Financial Officers« der an US-Börsen gelisteten Unternehmen verpflichtend vorgesehen.

Unternehmenswerte propagieren im Weiteren natürlich auch alle diejenigen Unternehmen, die unmittelbar eine geistig-ideelle Zielsetzung verfolgen, dazu zählen zum Beispiel Presseunternehmen. Der Axel Springer Verlag etwa verfolgt unter anderem das Ziel der Aussöhnung zwischen Juden und Deutschen, ausdrücklich niedergelegt in den »Unternehmensgrundsätzen«.

Schließlich spielt die von den Autoren James C. Collins und Jerry I. Porras angestoßene *Built-to-Last-Schule* eine erhebliche Rolle für die Inflationierung der Unternehmenswerte.[38] Die Autoren haben Unternehmen, die älter als fünfzig Jahre sind und aus derselben Gründungszeit stammen, untereinander verglichen, und zwar immer das Unternehmen aus der jeweiligen Branche, das als das Erste und Beste gilt, mit denjenigen Unternehmen, die weniger erfolgreich abgeschnitten haben. Ziel der Untersuchung war es, herauszufinden, welches jeweils die Gründe waren, warum das eine Unternehmen den Weg an die Spitze schaffte und die anderen nicht.

Das Ergebnis der Untersuchung ist verblüffend: Die jeweils in ihren Branchen erfolgreichsten Unternehmen zeichneten sich dadurch aus, dass sie einerseits einen festen Kern von Werten hatten, gleichzeitig in allem anderen offen für Wandel und Fortschritt waren. (»They preserve a cherished core ideology while simultaneously stimulating progress and change in everything else«.)[39] Die Autoren fanden heraus, dass zur »Core Ideology« jeweils »Core

Values« und ein »Core Purpose« gehören. Diejenigen Unternehmen, denen es im Laufe ihrer Entwicklung gelungen ist, feste Werte mit einer klaren Zielsetzung zu verbinden und diese Inhalte auch wirklich »zu leben«, erreichen den messbar nachhaltigsten Erfolg.

In eine ähnliche Richtung geht ein Beitrag von Patrik M. Lencioni,[40] der versucht hat, gängige Corporate Values in verschiedene Kategorien zu unterteilen. Zunächst sind das »Core Values«, die Werte also, die wirklich die kulturellen Grundlagen eines Unternehmens bilden und tief in sein Innenleben eingewoben sind. Daneben gibt es die Kategorie der so genannten »Aspirational Values«. Dazu zählen solche, die das Unternehmen lediglich in der Zukunft erreichen möchte, an denen es gegenwärtig aber mangelt. Ferner existiert die Kategorie der »Permission-to-play Values«. Dazu zählen solche, die lediglich Selbstverständlichkeiten widerspiegeln, zum Beispiel »Respekt« oder »Integrität«, die letztlich von jedem Unternehmen erwartet werden, das sich auf dem Boden der Rechtsordnung bewegt. Schließlich gibt es die Gruppe der »Accidental Values«. Das wiederum sind Werte eines Unternehmens, die sich eher zufällig von selbst im Lauf der Zeit entwickelt haben und nicht auf bewusster Planung durch das Management beruhen.

Wandert man im Irrgarten der Corporate Values herum, muss Klarheit darüber bestehen, aus welchen Motiven sich ihre Existenz speist und welchem Zweck sie jeweils dienen. Überzeugend erscheinen sie nur dort, wo sie nicht nur Lippenbekenntnisse sind, sondern konsequent verfolgt werden. Letzteres ist ein schwieriger, oft schmerzhafter Prozess, dem viele Unternehmen aus dem Weg gehen.

Nach der erwähnten Kategorisierung von Lencioni sind das in erster Linie die echten »Core Values«, solche Werte also, auf die die Führungskräfte eines Unternehmens fest verpflichtet sind und die so zu wirklichen »Leitwerten« der Organisation werden. Ist das der Fall, können sie die Identität eines Unternehmens nachhaltig beeinflussen und damit erfolgreiche strategische Relevanz entwickeln.

Werte aus Sicht der Medienwelt – Ein Konflikt in sich?

Frank Bethmann

Eine Frage, die sich mit ja beantworten lässt. Jedoch – aus meiner Sicht – anders als gemeinhin vermutet. Der nahe liegende und von den meisten angenommene Konflikt ist doch der, ob die Prinzipien des einzelnen Redakteurs mit den Wertmaßstäben seines Verlagshauses beziehungsweise seines Medienunternehmens, für das er berichtet, übereinstimmen. Diese Übereinstimmung ist wünschenswert für den Unternehmenserfolg, getreu dem Motto: Es sollten idealerweise alle für den gemeinsamen Erfolg an einem Strang ziehen. Doch gilt diese Beinahe-Banalität nicht generell für alle Betriebe? Warum also interessiert uns die Frage bei den Medienhäusern und ihren Mitarbeitern besonders? Weil wir deren Macht und Einflussmöglichkeiten im Blick haben?

Keine Frage – ja! Medien – wenn wir sie denn überhaupt so pauschalieren können und mögen – sind wichtig für das Funktionieren einer Demokratie. Sie sollen aufklären, Kritik und Kontrolle ausüben – besser gesagt, die für die Medienhäuser arbeitenden Journalisten sollen dies tun. Und ja – natürlich haben Sie auch recht, dass nicht jeder Artikel, den Sie in der Zeitung lesen, oder nicht jeder Beitrag, den sie im Fernsehen sehen, eine Demokratie bewahrende, die Republik rettende Höchstleistung ist. Nein, Zeitungen und Fernsehen dürfen auch über andere Dinge berichten. Ja, wir verlangen das sogar. Oder würden Sie auf einen unterhaltsamen Spielfilm, die aktuellen Bundesliga-Ergebnisse oder »Wetten, dass ...?« verzichten wollen, nur weil auch ohne diese Ereignisse die Demokratie weiter existieren würde? Und dennoch bleibt die Aufpasserrolle der Medien, die Rolle der vierten Macht im Staat, wichtig. Und weil wir uns dessen bewusst sind, interessieren uns die Wertvorstellungen der Medien besonders – vielleicht mehr als die anderer Unternehmen?

Ob wir von den Medien sprechen sollten, habe ich ja bereits eingangs in Frage gestellt. Verlagshäuser, öffentlich-rechtliche und private Rundfunk- und Fernsehanstalten sind Häuser mit unterschiedlichen Unternehmenskulturen, Vergangenheiten, Interessensausrichtungen und Kontrollgremien. Was dem einen sein Rundfunkrat, ist dem anderen sein Aufsichtsrat. Wir vermuten, dass die jeweiligen Interessengruppen (unter anderem Politiker, Geldgeber, Anteilseigner) Einfluss auf das Programm, auf die Inhalte nehmen. Wir können das nicht ausschließen. Nur eines sei auch gesagt: Journalisten sind von Haus aus sehr misstrauisch und meinen häufig genug, die besten Ideen selbst zu haben. Und nichts verabscheuen sie mehr, als wenn sie das Gefühl haben, manipuliert zu werden oder nicht so berichten zu dürfen, wie sie das für richtig erachten. Denn eines der höchsten Güter – wenn nicht gar das höchste Gut – ist die journalistische Unabhängigkeit. Geschützt in den meisten Häusern durch das Chefredakteurs- beziehungsweise Intendantenprinzip, das da besagt: Was ausgestrahlt oder gedruckt wird, entscheidet letztendlich der Chefredakteur beziehungsweise der Intendant, nicht der Verleger oder Rundfunkrat. Fragen Sie mal nach bei der Axel Springer AG oder bei Gruner+Jahr, wie oft es den Verlegern schon gelungen ist, ein Thema gegen den Willen der Redaktionsleitung ins Blatt zu drücken. Hier sorgen Regeln für Werte. Werte, die uns als wichtig erscheinen und für Glaubwürdigkeit sorgen.

Doch natürlich stoßen wir als Journalisten auch tagtäglich an unsere Grenzen. Die Unabhängigkeit in der Berichterstattung muss sich auch in der täglichen Redaktionskonferenz beweisen. Als Wirtschaftsredakteur kann ich davon ein Lied singen. Die neue Generation der Mobilfunktelefone, neue Reiseangebote – sollen wir darüber berichten? Können wir dies, ohne die Hersteller zu nennen? Macht das überhaupt Sinn, schließlich will der Zuschauer ja erfahren, welches das beste Angebot ist, was es kostet und wer es anbietet? Machen wir damit unmittelbar Schleichwerbung? Sieben Journalisten, acht Meinungen – Sie wissen, was ich meine. Und bei unterschiedlichen Auffassungen muss man zu einer Meinung kommen und am Ende muss einer – der Redaktionsleiter – entscheiden. Da geht es dann nicht, sich auf die Position zurückzuziehen: »So kann ich nicht arbeiten, wenn meine Meinung nicht gehört wird (ironisch).« Schließlich ist auch eine Redaktion kein basisdemokratischer Haufen. Andererseits – und auch das möchte ich gerne vermitteln – ist nicht jede Sitzung eine Wertedebatte.

Gewiss nicht. Doch der respektvolle Umgang untereinander und der Austausch von Argumenten zur Entscheidungsfindung ist ein genauso wichtiger Wert, wie die Wahrhaftigkeit bei der Berichterstattung, die für mich gleich hinter der journalistischen Unabhängigkeit rangiert.

Auch die Wahrhaftigkeit, also die Recherche nach bestem Wissen und Gewissen, führt uns zu Extremen. Ob wir über Sterbehilfe, Massenentlassungen oder Tsunami berichten. Wir informieren zum Teil live und in Echtzeit. Was sich gerade auf der Welt ereignet, wird wenig später schon im Fernsehen gezeigt. Besonders aus Kriegs- oder Katastrophengebieten muss man mit der Wahrheit des Bildes vorsichtig umgehen. Nicht, dass wir uns missverstehen: Die Fakten müssen stimmen. Wahrhaftig muss es sein. Nur, denken Sie an die Frage, sollte man Leichen zeigen? Wie sollte man sie zeigen? Das ist auch und vor allem eine Frage, die mit Menschenwürde und sehr viel mit Ethik zu tun hat. Das ZDF überprüft sich hier ständig selbst, trifft immer wieder enge Absprachen mit den verantwortlichen Gremien wie dem Fernsehrat und auch mit den Kollegen der ARD. Diese Absprachen, die auch schriftlich fixiert werden, stellen klare Regelungen, klare Leitlinien dar. Linien, die wir alle hier und da vermissen und deswegen so suchen. Solche Absprachen verankern einen wichtigen Wert, geben eine Orientierung, nicht nur dem Sender, sondern vor allem seinen Mitarbeitern. Sie sind deswegen hilfreiche Richtlinien, alles andere als ein Konflikt in sich.

Der bis hierhin beschriebene Journalist als Redakteur befindet sich meines Erachtens viel weniger in einem Wertekonflikt, als der Journalist als Mitarbeiter. Und das liegt, soweit ich das eben genau als dieser Redakteur und Mitarbeiter beurteilen kann, daran, dass wir Kommunikationsexperten aus den Medienhäusern weniger mit der eigenen Berichterstattung Probleme haben, als viel mehr mit der nach innen gerichteten Kommunikation. Einfacher formuliert: Gute Journalisten müssen nicht immer im Umgang einfache Kollegen oder gar gute Führungskräfte sein. Der Journalist als Einzelkämpfer bei der Recherche soll als Redaktionsleiter auf einmal gruppendynamisch das Zepter schwingen? Wichtige Informationen sofort weitertragen und auch noch Verantwortung für die Kollegen übernehmen? Das funktioniert häufig nicht. Die Kommunikationsexperten mutieren diesbezüglich zuweilen eher zu Kommunikationsamateuren, behalten ihr Wissen für sich, grenzen damit unweigerlich aus.

Dies ist nicht nur bedauerlich, das ist auch schlecht für die Gesamtentwicklung des Unternehmens, denn an der sollen ja möglichst viele Mitarbeiter beteiligt sein, prägen sie doch das Unternehmen und mit ihm die Werte. Und an dieser Stelle wird es besonders spannend, denn die das Unternehmen prägenden Werte verändern sich, so wie sich die Menschen verändern. Die nachrückenden Generationen stehen möglicherweise für ganz andere Werte ein. Und die Werte meiner Generation, der *Generation Golf,* wie Florian Illies sie einst taufte, werden unweigerlich die Werte der künftigen Führungsriege sein. Unternehmen, im Übrigen egal welcher Branche, tun gut daran, diese Veränderungen nicht nur zu akzeptieren, sondern sie in ihre Unternehmenskultur einfließen zu lassen. Dies ist ein wechselseitiger Vorgang und längst nicht nur ein Problem, welches die Medienkonzerne allein betrifft – und auch nicht nur die Journalisten. Im ZDF arbeiten in den Bereichen Produktion und Verwaltung über 3 300 feste und freie Mitarbeiter. Und ich bin sicher, manch einer von ihnen wird mir in diesem Punkt zustimmen.

Problem erkannt, heißt aber noch längst nicht Gefahr gebannt. Im ZDF tritt die Mehrzahl der jüngeren Führungskräfte (aus den verschiedensten Bereichen des Hauses) für eine grundlegende Reform der hausinternen Wertvorstellungen (Welche Kultur leben wir eigentlich im ZDF? Und für welche Werte steht denn das Zweite Deutsche Fernsehen?) ein. Leider – und das ist sicherlich ein guter Indikator für die Dimension der Problematik – geschieht dies selten offen, sondern im Regelfall auf Basis informeller Kommunikationsstrukturen. Erfolge dieser »Untergrundbewegung« lassen aber trotzdem nicht auf sich warten. So wurde beispielsweise auch das Problem der mangelhaften internen Kommunikation auf verschlungenen Pfaden an die Geschäftsleitung herangetragen, von dieser aufgegriffen und (von gezielten Maßnahmen flankiert) im gesamten ZDF als zu bekämpfende Schwachstelle platziert. In der Verwaltungsdirektion ging man zur selben Zeit wesentlich progressiver mit einem verwandten Thema um. So wurde ein Leitbildprojekt initiiert, das Antwort auf die Frage nach dem Stellenwert der Verwaltung geben sollte. Ziel war es, Projektideen zu generieren, Verbesserungsvorschläge zu sammeln und letztlich ein »Leitbild

Verwaltungsdirektion« zu kreieren. In diesem Rahmen hat sich zum Beispiel die Hauptabteilung Archiv, Bibliothek, Dokumentation mit dem Thema beschäftigt: Wie kann man eigentlich neue Mitarbeiter besser in das ZDF integrieren. Das Projekt »Intro« arbeitete einen kompletten Integrationsfahrplan aus. In die Reihe dieser vielen kleinen Projekte passt auch »Blind Date«. Nicht das, was Sie jetzt denken: Verkupplung à la öffentlich-rechtlich. Blind Date wollte genau den Mangel an interner Kommunikation zu beseitigen helfen, indem man sich nämlich, animiert durch dieses Projekt, im Intranet auf eine einfache, spielerische Art mit anderen Mitarbeitern verabreden konnte – zum Beispiel zum mittäglichen Lunch. Eine Initiative, die im Stadium der Planung alle toll fanden; tatsächlich machte nach der Realisierung aber kaum einer im Intranet von diesem Angebot Gebrauch. Und wenn ich in der Vergangenheitsform schreibe, dann wissen Sie, das Projekt hatte keine größeren Konsequenzen – leider. Auf der Suche nach dem »Warum?« stößt man auf den Begriff Angst. Ist das Angebot im Intranet nicht aufgefallen oder hatten einfach viele Angst mitzumachen? Eine Frage als Antwort auf die Ausgangsfrage: In welcher Kultur leben wir eigentlich im ZDF? In einer Kultur der Angst etwa? Ich formuliere dies bewusst mit Fragezeichen und in aller Vorsicht, weil ich die Antwort selbst nicht kenne und mir nicht anmaße, dies beurteilen zu können. Auf jeden Fall sind diese Projekte spannende Ansatzpunkte und wären es wert, weiterverfolgt zu werden, weil sie das ZDF auf der Suche nach den Werten weiter voranbringen.

Der Intendant des ZDF hat die Bedeutung von Leitlinien längst erkannt und pflegt selbst einen sehr offenen Umgang mit den Mitarbeitern. In politisch wie wirtschaftlich unsteten Zeiten sind Orientierungslinien – für alle Mitarbeiter – wichtiger denn je. Noch gibt es im ZDF keinen offiziellen Wertekatalog. Ziel ist es jedoch, einen solchen zu entwickeln, um den gesellschaftlichen Gruppen aufzuzeigen, für was und vor allem für welche Werte das ZDF steht – als Unternehmen, als Programmanbieter und als Arbeitgeber. Im Grunde genommen ist es in weiten Teilen ein Zusammentragen von bereits existierenden Instrumenten und Ansätzen.

Als Erstes wären hier Werteausrichtungen für die Mitarbeiter zu nennen, die sich an neuzeitlichen Tugenden wie Selbstentfaltung und Gleichberechtigung orientieren. Das sind Werte, die natürlich stark durch einen Ich-Bezug geprägt sind und uns damit gleichzeitig einen Hinweis geben, dass andere Werte wie beispielsweise Gruppendynamik bislang jedenfalls nur eine untergeordnete Rolle gespielt haben. Und um den Faden der »mangelnden internen Kommunikation« an dieser Stelle noch einmal aufzugreifen: Hier sehe ich durchaus Zusammenhänge. Ohne interne Kommunikation keine Gruppendynamik.

Nach diesem kleinen Exkurs zurück zum Gedanken bereits vorhandener Ansätze für einen Wertekatalog: Für mich ist wichtig in diesem Zusammenhang der umfangreiche Nachhaltigkeitsreport 2004, den das ZDF veröffentlicht hat. Denn der verantwortungsvolle Umgang mit Ressourcen ist ein wichtiger Bestandteil des Selbstverständnisses des ZDF, und als Medienunternehmen kommt ihm hier eine Schlüsselrolle in der öffentlichen Wahrnehmung zu. Dieser Schlüsselrolle wird das ZDF im Übrigen auch in der Berichterstattung gerecht. Mit dem Sendeformat »ZDF.umwelt« hat das Zweite heute das einzige, aktuelle, regelmäßige Umwelt- und Nachhaltigkeitsmagazin im deutschen Fernsehen. Darüber hinaus unterstützt das ZDF neben der Fernsehlotterie »Aktion Mensch« weitere karitative Hilfsorganisationen wie die Deutsche Krebshilfe oder die SOS-Kinderdörfer; alles Zeichen sozialer Verantwortung und alles auch Werte an sich, wie zum Beispiel auch die Tatsache, dass das ZDF zu einem der familienfreundlichsten Unternehmen in Deutschland zählt. Diese längst nicht vollständige Liste zeigt, dass öffentlich-rechtliches Fernsehen weitaus mehr ist, als »nur« ein Programmangebot an die Zuschauer. Schon deswegen ist der Anspruch, eine Werte-Charta zu entwickeln, lohnenswert, weil sie nicht nur in Deutschland, sondern in Brüssel auch Europa zeigen kann, warum es sich lohnt, öffentlich-rechtliche Rundfunk- und Fernsehanstalten zu haben.

Bei aller hier geäußerten Kritik – im Übrigen auch ein Wert an sich – ist mir dieser Punkt besonders wichtig. Wobei der Wertekatalog mehr sein muss als ein Stück Papier. Er muss im Unternehmen gelebt werden – in der Offenheit des Umganges mit den Mitarbeitern, in dem Glauben an ihr Potenzial –, nur dann ist er glaubhaft. So glaubhaft wie die Berichterstattung von ARD und ZDF.

Werte aus Sicht der Kirche – Ein zeitgemäßer Ansatz?

Dr. Michael Hartmann

Werte und Führung

In Zeiten des Umbruchs benötigen einzelne Organisationen, wie auch die Gesellschaft insgesamt, ein hohes Maß an Orientierung und Führung. Da anpassungsfähige moderne Organisationen auf dezentrale Führung angewiesen sind, ist ein Kompass, der die Ziele der gesamten Organisation, zum Beispiel des Unternehmens, bei den einzelnen Akteuren ständig präsent hält, von besonderer Bedeutung. Wenn Umstrukturierungen und Reorganisationen tatsächlich die langfristigen Wachstumskräfte einer Unternehmung stärken sollen, reichen bessere Quartalszahlen als Motivation und Orientierung nicht aus. Und es genügt sicherlich auch nicht, wenn nur einige wenige Personen in der Führung eines Unternehmens über den inneren Kompass der Organisation Klarheit haben. Und schließlich: Zur Kommunikation der langfristig gültigen Orientierungspunkte eines Unternehmens gehören Werte. Warum?

Wenn sich eine Organisation und die sie führenden Personen jahrelang um die Frage nach dem »Warum« und dem »Wohin« und um die klare Kommunikation der Antwort auf diese Fragen in die Organisation hinein herumdrücken konnten, so stellt die Situation der Umstrukturierung und Reorganisation eine unausweichliche Notwendigkeit, mindestens aber eine einmalige Chance, diese Orientierungsfragen zu stellen, dar. Diese Gelegenheit sollte nicht verschenkt werden, sie ist gegenüber anderen Anlässen, nach Orientierungen – und Werten – zu fragen, diejenige, die nicht mit dem Moment des Scheiterns, sondern mit einer Situation des Aufbruchs verbunden ist. Gleichwohl geben häufig die Situationen des Scheiterns von Personen oder Strategien einen Anlass zur Neuorientierung – dann zumeist im Sinne der Frage: »Wie konnte das passieren?« und »Wie kann Vergleichbares zukünftig vermieden werden?«

Um die Ausgangsvermutung daher gleich zu Beginn der Überlegungen auf den Punkt zu bringen: Codes of Conduct, Corporate-Governance-Kodizes und Wertekataloge allein reichen nicht, um die Ausübung von Macht zu lernen und die Führung von Organisationen mit Verantwortungsethik und einem dafür notwendigen moralischen Kompass auszustatten. Diese können professionelle Orientierungsrahmen in immer wieder auftretenden Konflikten und Entscheidungssituationen sein – mehr sicherlich nicht.

Das Führungspersonal von Unternehmen – und zwar auch auf den mittleren Ebenen – sollte ein klares Verhältnis zu den Werten haben, die in der eigenen Organisation Geltung haben sollen. Geltung erhalten sie wiederum nur durch Kommunikation. Werte sind kulturelle Konstrukte, sie müssen durch Kommunikation interpretiert und weiterentwickelt werden; nur dadurch erlangen sie Geltung und Reichweite. Das Wertemanagement in Organisationen sollte demnach in die strategische Kommunikation eingebunden werden.

Auf den Kirchenvater Augustinus geht die inzwischen in vielen Führungsseminaren vermittelte Erkenntnis zurück: »In dir muss brennen, was in anderen zünden soll.« Ohne Personen, die ein klares Lebensverhältnis zu der Ethik haben, die sie in ihrer Organisation voranbringen wollen, wird Wertemanagement nicht gelingen. Die oben genannten Verfahren haben eben nicht den Charakter, das durch »Werteverlust« knapp gewordene Gut »Werte« durch Management of Values wieder anzureichern.

Grundlegende Werte müssen nicht nur kommuniziert werden. Wenn nach Maßstäben für das eigene – und für das Organisationshandeln – gefragt wird, muss die Erwartung eingelöst werden, dass diese Maßstäbe Geltung dadurch erhalten, dass sie ohne Konflikte nicht ohne weiteres in Frage gestellt werden dürfen. Wer meine (unsere) Werte infrage stellt, stellt mich – oder die Organisation als Ganzes – infrage. Werte werden auch nicht täglich zur Disposition gestellt oder wie das Hemd gewechselt. So verstanden, stehen Werte für Richtung und Ziel im beruflichen Alltag. Sie sind Teil der Unternehmenskultur und innerhalb dieser Organisation nicht nur Kennzeichen geschäftlicher Praxis, sondern auch des sozialen Zusammenhalts, der Bindekräfte der Organisation.

Werte und die Person

Wenn nach gültigen Maßstäben für die gesellschaftliche Entwicklung gefragt wird, geraten stets die Orientierungen an »Werten« in den Blick. Damit Entwicklungen nicht ohne Richtung und Ziel verlaufen und das menschliche Maß in neuen institutionellen Arrangements nicht verloren geht, wird gern auf die Religion rekurriert. Und dass Werte und Normen in den Zusammenhang von Religion gehören, lässt sich empirisch kaum bestreiten.

Dennoch hat christlicher Glaube zunächst wenig mit Werten zu tun, sondern viel mehr mit Wahrheit. Die Beeinflussung unserer Wertedebatte durch das christliche Wahrheitsverständnis erfolgt also zunächst über eine Kritik der (gesellschaftlichen) Werte. »Woran du dein Herz hängst, das ist dein Gott«, sagt Martin Luther. Die eigene Unabhängigkeit von propagierten, für populär gehaltenen Werten macht also die Freiheit eines Christenmenschen aus. Erst hinter dieser Kritik erscheint das menschliche Maß, kommt ein freier Blick auf wichtige Kriterien der Beziehungen zwischen Menschen zustande. Christliche Religion handelt zuerst von dieser Relation des Menschen zu Gott, zu seinen Mitmenschen und damit von seiner Beziehung zu sich selbst. Sie beschreibt eine grundsätzliche Relation von Freiheit und Verantwortung jedes Menschen.

Die berufsethische Botschaft des Protestantismus ist daher: Arbeit und Leben unterliegen zwar unterschiedlichsten Zwängen und professionellen Erfordernissen, aber demselben Anspruch an die Standards unserer Lebensführung. Die Lebenserfahrung zeigt im Übrigen, dass eine allzu große Differenz zwischen den moralischen Forderungen, die ich selbst an mich im privaten Leben einerseits und im Beruf andererseits stelle, sich langfristig auch nicht mit materiellem Erfolg, Macht und Privilegien nachhaltig überbrücken lässt. Am Ende steht zumindest Unzufriedenheit oder die resignierende Frage: Was ist aus mir geworden?

Arbeit muss also eingebettet sein in einen Lebensentwurf. Denn die Standards, nach denen wir unser Leben ausrichten, haben mit dem zu tun, was wir zu unserem persönlichen »Gott« erklärt haben. Die Standards werden sich also nur dann als verlässlich und als das Leben bereichernd erweisen, wenn sie einen stabilen Bezug haben.

Werte und Moral

Wenn wir Regelverletzungen, die von Führungspersonen in Wirtschaft oder Politik begangen wurden, betrachten, stellen wir fest, dass der Diskussion um ethische Standards in Unternehmungen anlässlich solcher Vorfälle gleichsam die Luft auszugehen droht. Je prominenter die Person und je wichtiger ihre Funktion, desto stärker die desillusionierende Wirkung auf den Wertediskurs, der von der jeweiligen Regelverletzung ausgeht. Dramatisch wird dieser Motivationsverlust, wenn die Regelverletzung von einer Person ausging, die selbst an der Kodifizierung von Richtlinien im wirtschaftlichen Raum oder an Gesetzen im politischen Raum mitgewirkt hat. Prominente Fälle zu beiden Bereichen fallen uns sofort ein.

Die Diskussion um Werte macht ohne den Blick auf den handelnden Menschen folglich keinen Sinn. Und wenn, wie oben angedeutet, die ethischen Imperative auch unteilbar und nicht abhängig von der Ranghöhe eines Funktionsträgers in einer professionellen oder politischen Hierarchie sind, so bildet der Grad an Vorbildfunktion doch auch die persönliche Verantwortung für nach außen sichtbare Stringenz im Handeln ab. Führungspersonen wachsen also zwangsläufig in die Position von Garanten der ethischen Standards, die zu moralischen Imperativen an ihr eigenes Handeln werden, hinein. Damit geht es nicht mehr um Corporate Values, sondern um persönliche Moral. Denn eigentlich geht es am Ende nur um Letztere: Bei allen in einer Organisation Handelnden muss die persönliche Moral, die professionelle Berufsethik, zu dem Feld werden, auf dem sich die deklarierten Werte bewähren.

Werte und die Unternehmung

Märkte, auf denen Austausch und Kooperation vereinbart und organisiert werden, benötigen institutionelle Ordnungen und Regeln – einen Rahmen. Sie brauchen aber keine Führung, sondern sind im Idealfall perfekt selbstorganisiert.

Menschliche Interaktionen in Organisationen brauchen Orientierung und Legitimation. Die Regeln der Kooperation unterliegen einem Rechtfertigungszwang. Nicht die individuellen Präferenzen zählen, sondern es tauchen normative Fragen nach dem Sinn und nach dem Guten auf. Die Organisation kann Fragen der Zweckmäßigkeit mit den Unternehmenszielen beantworten. Die Frage nach ethischen Standards, die den Blick sowohl auf die Menschen im Unternehmen richten (Was ist langfristig gut für mich?) als auch auf das Gemeinwesen (Was ist gut für die anderen?), können schwerlich allein utilitaristisch, also nach Zweckmäßigkeit, beantwortet werden.

Der Unternehmensführung muss es gelingen, die Perspektive der Zweckmäßigkeit, das Unternehmensziel, mit den innerhalb und außerhalb der Organisation auftauchenden Fragen nach menschengerechten, nachhaltigen, über den Tag hinausweisenden Handlungsorientierungen in eine Zuordnung und in ein Mindestmaß an Übereinstimmung zu bringen. Wobei allein schon der Versuch, Shareholdern wie Stakeholdern eine Perspektive für das Unternehmen jenseits der Quartalszahlen zu vermitteln, in den normativen Bereich vorstoßen wird.

Gelingt dieses nicht, wird die Welt außen mit Sanktionen (Gesetzen) reagieren, die Menschen innerhalb werden in eine kritische und das Unternehmen gefährdende Distanz zur eigenen Arbeit geraten, die Kunden und Partner werden Vertrauen verlieren. Aber auch wenn hier schon wieder Nutzenkalküle aufschimmern, geht es im Kern um Kommunikation von normativen Orientierungen. Gerade in der Unternehmensethik, in der Wertedebatte im Kontext des Marktes, gibt es das allgegenwärtige Problem einer zu starken Perspektive auf Zweckmäßigkeiten. Nicht eine Kontrolle des normenadäquaten Einsatzes bestimmter Mittel (im Management, in der Personalführung et cetera) sollte die alleinige Perspektive des Wertediskurses im Unternehmen sein, sondern die Frage nach der Angemessenheit des eigentlichen Zweckes, des Unternehmenszieles und seiner mittel- und langfristigen Perspektive. So erst werden Wertediskurse möglich und gewinnen Glaubwürdigkeit.

Werte und Orientierung

Die großen und die kleinen Aufbrüche zu neuen Ufern benötigen ebenso wie der normale Alltag Orientierung. Da, wo in Organisationen Verantwortung auf vielen Ebenen wahrgenommen wird und entsprechend große Freiräume für Entscheidungen vorhanden sind, ist Orientierung von besonderer Bedeutung. Das »Wohin« deutlich zu machen, wird so zur zentralen Führungsaufgabe.

Mit Bezug auf Erkenntnisse der Neuen Institutionenökonomik wird diese Aufgabe hier noch einmal unter Nutzenkalkül oder Zweckmäßigkeitserwägungen gestellt: Die Kooperationsbeziehungen innerhalb einer Organisation – ob man sie nun als Vertragsbeziehungen versteht oder nicht – unterliegen Transaktionskosten ebenso wie die Kooperationen auf Märkten. Sanktionsbewehrte Rechtssicherheit reduziert diese Kosten nur begrenzt. Bei den Innenbeziehungen einer Organisation spielt Vertrauen in die Stabilität und Reziprozität von Kooperationen eine nennenswerte Rolle. Die Verlässlichkeit der Kooperationen und die Glaubwürdigkeit der Kommunikation in einem Unternehmen hängen eng zusammen. Kurzfristige, als zweckmäßig erscheinende Definitionen oder Umdeutungen von besprochenen Werten und vereinbarten Normen gefährden das Vertrauen in die Grundlagen des intern geschlossenen relationalen Vertrages. Und damit steigen Transaktionskosten infolge von Unsicherheit. Der Kooperationsgewinn einer Organisation sinkt, weil vielfältige Strategien der Mitarbeiter zur Absicherung einsetzen.

Während aus diesen Überlegungen der Nutzen einer Kommunikation von Werten im Unternehmen plausibel wird, stellt sich die Frage, was eine dauerhafte und Orientierung stiftende Ethik ausmacht. Wenn sie in den oben beschriebenen Nutzenkalkülen und Zweckmäßigkeitsüberlegungen gefangen bleibt, wird die Ethik selbst volatil. Eine solche Schwankungsanfälligkeit wird kein Vertrauen stiften, an die Stelle von utilitaristischen Erwägungen muss daher vielmehr ein Bezug zu letztgültigen Wahrheiten treten. Und es geht um Personen, die für diese Orientierung an übergeordneten Werten einstehen.

Schon an der Frage, was gut für Menschen, gut zum Beispiel für die mitarbeitenden Kollegen ist, würden wir scheitern, wenn wir sie über den Interessenausgleich, den Märkte zu leisten imstande sind, beantworten wollten. Hier muss an die Stelle der utilitaristischen Perspektive irgendwann ein Bild vom Menschen, seinen Rechten und seinen Bedürfnissen treten.

Werte und die Kirche

Die Erwartungen, die sich im Zusammenhang mit der Orientierungssuche innerhalb des Wertewandels in modernen Gesellschaften ergeben, sind hoch. Sie erscheinen eigentümlich hoch, wenn einerseits ein nennenswerter Beitrag der Kirchen zur Gewährleistung einer humanen Gesellschaft erwartet wird, andererseits das Verständnis des christlichen Menschenbildes und seiner Grundlagen verloren zu gehen droht. Die Grundlagen einer Humanität, die offen ist für eine Beziehung zu Gott, sind das Aktionsfeld der Kirchen im Wertediskurs. Hier erfahren nicht nur Institutionen ihre Gründung, sondern auch Menschen, die dieses Menschenbild vertreten. Die Räume, in denen diese Konzepte von Humanität gelernt und diskutiert werden, müssen auch in einer säkularisierten Gesellschaft pfleglich behandelt werden. Sie müssen sich zugleich der Auseinandersetzung mit anderen gesellschaftlichen Gruppen stellen.

Die Kirche versteht sich als Hüterin der Zukunftsfähigkeit unserer Gesellschaft. Der Blick über die gegenwärtig lebenden Generationen hinaus ist ihr ins Stammbuch geschrieben. »Wenn dein Kind dich morgen fragt…« ist die Losung des Evangelischen Kirchentages im Jahr 2005. Sie verweist auf eine Rechenschaftspflicht, der wir uns zunächst stellen sollten.

Die Maßstäbe für unsere Lebensführung sind sicherlich auch durch die Verantwortung für spätere Generationen gegeben. In der Bibelstelle des Alten Testaments, der die Kirchentagslosung entnommen ist, fragt »der Sohn«. Er fragt nach den uns – den Eltern – gegebenen Regeln (»Vermahnungen, Geboten und Rechten«). Diese Regeln verweisen uns auf die Verantwortungszusammenhänge, in denen wir stehen und die nicht mit unserem eigenen Ende erledigt sind.

Aber Zukunftsfähigkeit im christlichen Sinne meint mehr als diese Verantwortung. Der oben zum Ausgangspunkt der Überlegungen genommene Spiegel, in den wir schauen, wird uns auch Kontrolle darüber geben, ob wir noch bei uns selbst sind. Er wird uns mitteilen, wo wir mit unseren Vorstellungen vom Leben, mit unseren Träumen vom Leben, in unserem Alltag überhaupt vorkommen. »Erfolgreich, aber unglücklich« ist ein Befund, der nicht selten auf die entstandene Spannung zwischen unseren jeweils eigenen Werten und den Werten, denen wir im professionellen Alltag folgen, zurückgeführt werden kann.

Die Kirchen verstehen sich als ein Ort, in dem diese Träume vom Leben aufgehoben werden und in deren vielfältigen Erfahrungsräumen die Spannung zwischen wahrem Menschsein und dem Alltag bearbeitet werden kann.

Teil 5
Standpunkte

Was uns wichtig ist. Stefanie Unger, Kai Hattendorf, Sven H. Korndörffer

ISBN: 3-527-50189-4

Vertrauen durch Marke und die Werte eines Familienunternehmens

Dr. Arend Oetker

Das Thema dieses Kapitels ist ein weites Feld, weswegen ich mich auf drei Aspekte konzentrieren möchte – drei Aspekte, die eng miteinander verzahnt sind:

1) das Vertrauen in unsere Volkswirtschaft, wovon nicht zuletzt Familienunternehmen erheblich mit profitieren;
2) das Vertrauen in Unternehmen, aufgrund ihres gesellschaftlichen Engagements – hier verhalten sich besonders Familienunternehmen vorbildlich;
3) das Vertrauen in Familienunternehmen, weil sie nicht nur von Werten reden, sondern sie leben.

Beginnen wir mit dem ersten Aspekt:

Ich erinnere mich an einen Artikel in der Zeitung *Die Zeit*. Dort stand sinngemäß: »Deutschland ist langweilig wie ein Krokodil. Man kann es lange anschauen. Es bewegt sich nicht. Nur manchmal geht ein Ruck durch den Körper. Eine Pfote bewegt sich leicht. Das ist die Sorge unserer Nachbarn, dass Deutschland doch eine unvorhergesehene Bewegung machen könnte.«

Das Bild ist wenig schmeichelhaft: ein nahezu bewegungsloses Raubtier, das das Artensterben der Urzeit überlebt hat – bestenfalls für den Zoo geeignet, weil gefährlich und hochinteressant. Schon aus historischen Gründen ist unser Ansehen im Ausland belastet – zumindest werden wir immer noch argwöhnisch beäugt. Aber unter ökonomischen Gesichtspunkten hatten wir lange Zeit ein gutes Standing. Wir galten als wirtschaftliche Wunderkinder. Der Standort Deutschland hatte einen exzellenten Ruf. »Made in Germany« wurde zum Ausdruck eines Markenbewusstseins, von dem Unternehmen wie Arbeitnehmer gleichermaßen profitierten. Es stand nicht nur für gute Produkte, sondern auch für hoch entwickelte Technologien, Innovation, gut ausgebildete Fachkräfte,

Zuverlässigkeit, Pünktlichkeit, Disziplin, arbeitsame Menschen – eben alles, was einen guten Standort ausmacht.

Dieses Bild hat gelitten und damit auch das Bild deutscher Unternehmen und Arbeitnehmer im Ausland. Natürlich haben wir uns in letzter Zeit etwas bewegt – mehr als nur eine »Pfote« gehoben. Doch fragen wir uns einmal selbstkritisch: Reicht das aus, um die »Marke« Deutschland wieder mit neuem Glanz zu versehen? Nach einer von der Bertelsmann-Stiftung in Auftrag gegebenen Studie belegte Deutschland 2004 in einem internationalen Standort-Ranking den letzten Platz.

Ich möchte das Thema Reformen jetzt nicht vertiefen. Sie kennen das Thema zur Genüge. Die Frage ist, wo wollen wir die Marke Deutschland in Zukunft sehen? Wie soll sie positioniert werden? Danach müssen wir unser volkswirtschaftliches Restrukturierungsprogramm ausrichten. Entwerfen wir ein »Markenbild«: Wir wollen – um es mit Willy Brandt zu sagen – ein Volk guter Nachbarn sein:

- beweglich – nicht verkrustet,
- innovativ – nicht technikfeindlich,
- dynamisch – nicht zaudernd,
- optimistisch – nicht nörgelnd,
- sozial – nicht sozialistisch,
- fleißig – aber trotzdem dem Leben zugetan,
- ehrlich – nicht korrupt,
- tolerant, respektvoll, eigenverantwortlich, effizient.

Wenn Deutschland in den Augen der anderen all dies wäre, hätten wir unser Problem gelöst. Wenn wir also über Reformen streiten, geht es nicht einfach nur um Steuern und Sozialabgaben. Es geht vielmehr um die dahinter stehenden Wertvorstellungen. Als Familienunternehmer ist das ein entscheidender Punkt. Denn wenn die Dachmarke »Deutschland« all die aufgezählten Werte verkörpert, öffnen sich für mich leichter die Türen zu ausländischen Märkten. Das ist ein Vorteil – ein Wettbewerbsvorteil. Ob ich ihn nutze, hängt natürlich von mir und meinem Unternehmen ab. Aber es zeigt, dass Werte nicht alleine auf Unternehmensebene diskutiert werden können. Ein schlechtes Image meines Landes schlägt auch auf mein Unternehmen zurück.

Diese Wechselwirkung wird umso deutlicher, je kleiner ein Unternehmen ist. Große Unternehmen können sich, wenn sie überall auf der Welt präsent sind, leichter davon lösen. Solche Unternehmen stehen für sich: beispielsweise »Made by BMW« oder »Made by Siemens«. Die Marke Deutschland hat für sie weniger Bedeutung als für die vielen kleinen und mittelständischen Unternehmen. Ein unbekannter Familienunternehmer, der im Ausland Geschäfte machen will, profitiert hingegen unmittelbar vom Ansehen seines Landes. Freilich sind für solche Unternehmen die Werte, für die ihr Land steht, keine Selbstläufer.

Und damit wären wir beim zweiten Aspekt angelangt: das Vertrauen in Unternehmen durch deren gesellschaftliches Engagement. Denn inwieweit sich der Erfolg tatsächlich einstellt, ob ein Unternehmen den Wettbewerbsvorteil der Dachmarke Deutschland für sich nutzen könnte, hängt davon ab, welche Werte das Unternehmen selbst verkörpert. Wenn Deutschland in Zukunft, neben der vorhandenen Qualität, mal wieder für Flexibilität, Arbeitsdisziplin und so weiter steht, dann muss es auch das Unternehmen.

Ich gehe sogar noch einen Schritt weiter: So wie die Dachmarke das »Wohl und Wehe« für Unternehmen beeinflusst, so beeinflusst das Auftreten der Unternehmen auch das Ansehen des Landes. Unternehmen dürfen also in Sachen Werte keine Nehmerhaltung innehaben, sondern müssen ihren Teil dazu beitragen.

Die Werte, für die das Unternehmen steht, sind freilich nicht nur im Ausland von Bedeutung. Auch im Inland muss man hier einiges bieten. Denn so, wie wir ins Ausland drängen, kommen andere zu uns. Der Wettbewerb in Zeiten der Globalisierung ist hoch, vor allem für kleinere und mittlere Unternehmen. Erfolgreiche Produkte werden schnell kopiert. Immer neue Produkte müssen in immer kürzeren Zeiten auf den Markt gebracht werden. Die Produktlebenszyklen wie die Innovationszeiträume haben sich dramatisch verkürzt. Das rasante Tempo macht es schwer, ein glaubwürdiges Produktimage aufzubauen, geschweige denn, in den Aufbau einer Produktmarke zu investieren. Unternehmen müssen daher für sich selbst ein unverwechselbares Image schaffen. Das Unternehmen muss sich als Marke etablieren, das mehr bietet als nur ein Produkt. Hinzu kommt, dass die Gesellschaft von ihren Unternehmen heute deutlich mehr verlangt.

Warum ist das so? Betrachten wir dazu unsere gesellschaftliche Situation. Der Staat zieht sich allmählich notgedrungen aus vielen Feldern zurück. Eigenverantwortlichkeit und Eigeninitiative werden propagiert und rücken immer mehr in den Vordergrund. Der Einzelne ist verstärkt gefordert, nicht nur sein Schicksal in die eigenen Hände zu nehmen, sondern sich auch in die Gesellschaft mit einzubringen.

Beide – Eigenverantwortlichkeit und gesellschaftliches Engagement – gelten auch für die Unternehmen. Sie sollten weniger Subventionsmentalität an den Tag legen, mehr tun zum Wohle des Unternehmens und der Gemeinschaft. Wir Unternehmer müssen uns diesem Anspruch stellen. Als wichtige Teile der Wirtschaft sind wir schließlich auch eine tragende Säule unseres Gemeinwesens. In Zeiten knapper Kassen und eines sich – zwangsweise – wandelnden Staatsverständnisses sind wir es, die durch privates Engagement die öffentliche Hand entlasten können: materiell wie ideell. Sei es in der Kultur, der Bildung, beim Sport, in Umweltfragen oder bei sozialen Engagements.

Nach einem positiven Wertekodex zu handeln und sich in gesellschaftliche Belange einzumischen, ist nicht nur eine Frage der Moral, sondern auch der ökonomischen Klugheit. Gesellschaftlichen Wohlstand zu schaffen mit dem Eigennutz als Antriebsfeder, reicht heute nicht mehr aus, um Kunden zu überzeugen. Gefragt ist der Einsatz für ökologische, soziale oder gar ethische Ziele. Wer klug ist, münzt solches Engagement in ökonomische Vorteile um. Tugendhaftigkeit oder moralisches Handeln muss schließlich nicht wehtun, sondern darf durchaus nützlich sein. Warum sollte Moral immer nur Kosten verursachen? Bei diesem Gedanken mögen so manche schlucken. Aber bitte, warum sollten ausgerechnet Unternehmen hemmungslose Altruisten sein. Unternehmer, die sozial helfen, aber materiell verlieren, nutzen keinem. Ganz im Gegenteil: Sie verhalten sich sozial unverantwortlich. Schließlich stehen Arbeitsplätze auf dem Spiel und nicht nur das. Unternehmen, die hingegen ihr gesellschaftliches Engagement auch für sich selbst nutzen, schaffen eine »Win-win-Situation« von der beide Seiten profitieren: das Unternehmen und die Gesellschaft. Die Gesellschaft profitiert von den Ressourcen der Unternehmen, sei es in Form von Humankapital oder Geldkapital. Für Unternehmen kann sich hingegen eine gezielte Investition in die Gesellschaft positiv auf den wirtschaftlichen Erfolg auswirken. Vorausgesetzt, Werte und Engagement sind Teil einer unternehmerischen Gesamtstrategie. Sie müssen glaubwürdig sein, das heißt zum Unternehmen passen. Fall-zu-Fall-Aktionen haben keine nachhaltige Wirkung für das Unternehmen – schaffen also keine »Win-win-Situation«. Ein Wertekanon, der von der Öffentlichkeit als nicht ehrlich angenommen wird, wirkt sogar kontraproduktiv. Stellen Sie sich ein Unternehmen vor, das in einem Teil der Welt die Umwelt gnadenlos verschmutzt, sich jedoch auf dem Heimatmarkt als umweltbewusstes Unternehmen präsentiert, gar Umweltaktivitäten finanziell unterstützt. Wie käme das an? Wohl als Ablasshandel für eigene Verfehlungen. Ein solches Unternehmen macht sogar zwei Fehler auf einmal: Es macht sich mit seinen Geldgaben unglaubwürdig, und es gesteht indirekt in aller Öffentlichkeit Fehler ein, ohne sie zu ändern.

Nur wenn die Corporate Identity, die Unternehmensmarke, die nach innen und außen propagierten Werte und die gesellschaftlichen Engagements mit dem realen Unternehmen korrespondieren, kann sich das Bild meines Unternehmens in der Öffentlichkeit nachhaltig verbessern, was sich auch in meinen Unternehmenszahlen niederschlägt. Es zählen Taten, nicht die Worte. Denn die Mehrzahl der Verbraucher bevorzugt bei gleichem Preis die Produkte des Unternehmens, das sich für gesellschaftliche Belange einsetzt beziehungsweise dessen Wertekanon es teilt. So manche Konsumenten sind sogar bereit, mehr zu zahlen. Unternehmen, die sich für Soziales, für die Umwelt, für Kultur, Bildung oder die Menschenrechte einsetzen, wirken sympathischer. Das stärkt die Kundenbindung. Neue Kunden werden hinzugewonnen. Der Absatz steigt.

Gelebte Werte verbessern zudem über das gesellschaftliche Ansehen hinaus das Bild des Unternehmens als Arbeitgeber. Das wirkt für Arbeitnehmer durchaus motivierend. Mitarbeiter, die auf ihr Unternehmen stolz sind, setzen sich eher für ihr Unternehmen ein, als die, die unzufrieden sind oder innerlich sogar schon gekündigt haben.

Verantwortungsvoll handelnde Unternehmen zeigen sich nicht nur nach außen hin von ihrer guten Seite, sondern sind es auch nach innen. Für mich heißt das

- moderne Produktionsprozesse anzustreben, die die Umwelt und die Arbeitnehmer gleichermaßen geringer belasten.
- Mitarbeiter respektvoll zu behandeln und nicht zu bloßen Produktionsfaktoren zu degradieren. Denn dadurch sinken die Fehlzeiten, infolgedessen die Kosten, und die Produktivität nimmt zu.

Natürlich ist in Zeiten von Massenarbeitslosigkeit der Arbeitsplatz schon ein Wert an sich. Doch im Wettstreit um absolute Fach- oder Spitzenkräfte aus dem In- und Ausland kann das gesellschaftliche Ansehen ausschlaggebend sein.

Ein guter Ruf kann sich überdies auf dem Kapitalmarkt positiv auswirken. Sind doch Anleger oder Kreditgeber eher bereit, ihr Kapital in die Unternehmen mit Ansehen zu stecken und nicht in Unternehmen, die laufend in Skandale verwickelt sind oder aus sonstigen Gründen einen extrem schlechten Ruf genießen. Das ist durchaus rational und widerspricht nicht der Logik von Kapitalmärkten. Als Anleger oder Kreditgeber vertraue ich eben einem Unternehmen, das sich verantwortungsvoll, offen und damit auch transparent präsentiert. Das gilt für Unternehmen im Allgemeinen und für Familienunternehmen im Besonderen – so auch für mein Unternehmen.

Und damit kommen wir zum dritten und letzten Aspekt: Das Vertrauen in Familienunternehmen, weil sie nicht nur von Werten reden, sondern sie leben. Familienunternehmen unterscheiden sich von anderen Unternehmen. Sie sind eine besondere Spezies. Auf uns passen die »Unternehmensschablonen« nur bedingt: Gewinne sind für uns wichtig, aber nicht alles. Viele haben angefangen oder fangen an, um unabhängiger zu sein beziehungsweise eigene Ideen zu verwirklichen. Das Geld war nicht die eigentliche Triebfeder. Wir bewegen uns auf einem schmalen Grad zwischen wirtschaftlicher Notwendigkeit, sozialer Verantwortung, dem eigenen Wertekanon und dem Wunsch, etwas zu unternehmen.

Trotz aller Schwierigkeiten sind Familienunternehmen für mich ein Zukunftsmodell mit tiefen gesellschaftlichen Wurzeln. Ihre Tradition schafft Vertrauen. Ihre schlanken Strukturen stehen für Effizienz und ihre flachen Hierarchien erleichtern Innovationen:

- Wir tragen in einem erheblichen Maße zur gesamten Wertschöpfung unserer Wirtschaft bei. Immerhin rund 30 Prozent des industriellen Gesamtumsatzes sowie der Investitionen entfallen auf klassische Familienunternehmen.
- Wir bilden im großen Stile aus und beschäftigen allein fast 42 Prozent aller Industrie-Arbeitnehmer.
- Viele, wenn nicht sogar die meisten Patente kommen aus unseren Reihen.
- Wir sind keine Subventionsgräber, die Gelder kassieren und dann abwandern. Wir zahlen unsere Steuern in Deutschland.
- Und schließlich überzeugen wir durch unsere gesellschaftlichen Aktivitäten, insbesondere vor Ort in den Gemeinden, in denen wir ansässig sind.

Allein das verdient Respekt. Aber gehen wir ein Stück weiter. »Verantwortung übernehmen« ist heutzutage in aller Munde. Familienunternehmen reden nicht nur davon. Sie tun es. Wenn Manager Fehlentscheidungen treffen, werden sie im schlimmsten Falle entlassen, versorgt mit einer großzügigen Abfindung. Wenn Familienunternehmer eine Fehlentscheidung treffen, setzen sie ihr Lebenswerk aufs Spiel, unter Umständen sogar ihr gesamtes Vermögen.

Die Personalunion von Eigentümer und Manager – oder zumindest die enge Verzahnung – schafft eine Corporate Governance, an die die großen Kapitalgesellschaften, trotz aller Verpflichtungserklärungen, Kodexe, Leitgedanken und Visionen nicht heranreichen.

Die Konsequenz:

- Familienunternehmen versuchen, ihre Risiken zu begrenzen. Risikoreiche Engagements werden nur sehr vorsichtig angegangen.

- Unsere Pläne sind tendenziell langfristiger Natur. Es kommt nicht auf Quartalsprognosen an, auf Wachstum um jeden Preis, sondern auf die langfristige Wertsteigerung.
- Unsere Entscheidungswege im Unternehmen sind kürzer, die Bürokratie geringer.

An diesen Punkten lässt sich der eigentliche Wert von Familienunternehmen erkennen. Wenn man das Argument der Verantwortung positiv wendet, begreift man deren soziale Funktion. Jemand, der für sein Unternehmen persönlich Verantwortung trägt, mit seinem Kapital einsteht, geht anders mit dem Unternehmen und seinen Mitarbeitern um. Im Gegensatz zu börsennotierten Unternehmen hängt ihr Schicksal nicht von kurzfristigen Gewinnmaximierungsüberlegungen ab. Familienunternehmer müssen nicht die Interessen Dritter – also Haftungskapital – bedienen. Darin steckt neben einer gehörigen Portion Risiko auch ein großes Stück Freiheit.

Das andere Standing des Eigentümers (gar des Gründers) beeinflusst die im Unternehmen geltenden Werte: Zuverlässigkeit, Einsatzbereitschaft, Pünktlichkeit, Ehrlichkeit, Fairness, Vertrauen, der familiärere Umgang miteinander – aber auch die Sozialverantwortung für Mitarbeiter und Dritte, wegen der stärkeren Einbindung in das lokale Gemeinwesen. Als Familienunternehmer brauchen wir daher keinen Code of Conducts, wie er in großen Publikumsgesellschaften mittlerweile üblich ist. Mehr als das geschriebene Wort zählen die tatsächlich gelebten Werte. Das birgt freilich ein großes Risiko, denn wenn der Eigentümer-Unternehmer dabei versagt, hat das Unternehmen ein existenzielles Problem: Einen Manager, der nur Golf im Kopf hat, können sie loswerden. Aber versuchen sie das einmal mit dem Eigentümer eines Familienunternehmens – unmöglich. Das Ansehen beziehungsweise der Erfolg des Unternehmens steht und fällt mit der Person an der Spitze des Unternehmens.

Oder anders formuliert: Vertrauen für mein Unternehmen gewinne ich durch mein Auftreten und nicht durch einen schriftlich niedergelegten, beliebigen Verhaltenskodex. Papier ist geduldig. Was nützen Verhaltensvorgaben, wenn sie nicht an der Spitze gelebt werden. Was nützen Hochglanzbroschüren, die unter dem

Stichwort »Corporate Citizenship Report« publiziert werden, wenn sich das Unternehmen nicht wirklich gesellschaftlich engagiert,

- das heißt, nicht nur über Kinderarbeit in Indien zu philosophieren, sondern sich auch vor Ort in den eigenen Kindergärten und Schulen einzubringen.
- das heißt, dass ich jenseits aller Leitsätze gute Geschäftsgebaren an den Tag lege, indem ich meine Kunden und Lieferanten fair behandele.
- das heißt, dass ich mit meinen Mitarbeitern, vom Pförtner bis zum Manager, respektvoll umgehe.

Die Liste ließe sich beliebig fortsetzen. Die Quintessenz lautet: Den Worten müssen auch Taten folgen. Glaubwürdigkeit und Vertrauen ist eine Frage der eigenen Integrität. Als Familienunternehmer ist das mein wichtigstes Kapital. Wenn ich das aufs Spiel setze, riskiere ich mein Unternehmen.

Werte und Medien

Dr. Jürgen Althans

Diskussionen um Werte offenbaren die Weitläufigkeit dieses Themenkreises; weil alles »wichtig« erscheint, fällt eine Begrenzung umso schwerer. Vor diesem Dilemma stand auch die Wertekommission in der Notwendigkeit, sich in der Zahl der erarbeiteten Werte zu beschränken. Die nachfolgenden Betrachtungen greifen aus den gleichen Gründen aus dem vorgelegten Wertekatalog (Teil 3 des vorliegenden Buches) nur die Werte Verantwortung und Vertrauen heraus.

Verantwortung

In einer Auseinandersetzung zweier Medien-Tycoons fiel der Satz: »Kein toter Fisch mit einiger Selbstachtung würde sich in eine XY-Zeitung einwickeln lassen.« Hinter dieser Wertung der beiden Streithähne verbergen sich Ausprägungen vermuteter oder tatsächlicher Eigenschaften einer Publikation, ausgedrückt in der redaktionellen Qualität ihrer Inhalte.

Für die Inhalte stehen die Chefredakteure mit ihren Teams, unterschiedlich aufgestellt und ausgestattet in der Vielfalt der Medien und innerhalb der unterschiedlichen Mediengattungen. Letztlich eint sie alle die Verantwortung gegenüber dem Mediennutzer. Dass diese Verantwortung unterschiedlich interpretiert und wahrgenommen wird, liegt auf der Hand. Den Handlungsrahmen bildet die Meinungs- und Pressefreiheit, die großen Teilen der Menschheit nicht zur Verfügung steht und daher umso sorgfältiger von denen zu handhaben ist, die diese Freiheit besitzen.

Verantwortung bedeutet dabei im Einzelnen:

- Sorgfalt in der Auswahl: Eine wesentliche Aufgabe der Medien liegt in der nutzergerechten Auswahl und Bearbeitung relevanter Informationen aus der Informationsflut. Was aber ist relevant? Bereits hier beginnt die Diskussion, im ungünstigeren Fall die Manipulation. (Nichts anderes meint Mark Twain mit seiner spöttischen Bemerkung, dass er sich wundere, dass jeden Tag auf der Welt genau so viele Dinge geschehen, wie in eine Zeitung passen.)

- Genauigkeit der Recherche: die unerbittliche, kompromisslose Überprüfung und Gegenprüfung der Information, die Anhörung Betroffener, die Beachtung von Recht und Gesetz, insbesondere auch der Persönlichkeitsrechte von Betroffenen.
- Unabhängigkeit der Berichterstattung: Medienhäuser sichern diese Anforderung durch das so genannte Chefredakteursprinzip ab: Der Chefredakteur ist innerhalb des vertraglich festgelegten/definierten Konzeptrahmens des von ihm verantworteten Mediums frei in der Ausgestaltung der Inhalte und unterliegt keinen Einzelanweisungen.

Verschiedene Medien sichern ihre Unabhängigkeit durch Ethikregeln und Verhaltenskodizes ab, um so ihre Verantwortung in der Berichterstattung und gegenüber dem Mediennutzer zu dokumentieren. Der Umfang dieser Regeln variiert und ist in unterschiedlichster Weise niedergelegt, wie nachfolgende Beispiele belegen:

- Bei Wirtschaftspublikationen ist es weit verbreitet, dass Redakteure ihren Aktienbesitz offen legen. Journalisten dürfen nicht kontinuierlich (manche gar nicht) über Unternehmen berichten, von denen sie Aktien besitzen.
- Der *CNN News Standards and Policy Guide* regelt, dass seine Journalisten von Unternehmen keine Geschenke, Reise- und Hotelkostenerstattungen annehmen und keine bezahlten Vorträge halten dürfen.
- Die *New York Times* hat 2003 einen neuen, sehr detaillierten und wohl strengsten Ehrenkodex aufgelegt: Die Autojournalisten müssen für Testautos eine Leihgebühr zahlen, Reisejournalisten müssen nicht nur auf Freitrips oder Rabatte verzichten, sondern auf ihren Fahrten sogar verschweigen, dass sie für die Zeitung arbeiten. Bei jeder Art von Beziehung mit einem Informanten fordert das Blatt von seinen Mitarbeiterinnen und Mitarbeitern »überaus solide Urteilsfähigkeit und

Selbstdisziplin«; eine »romantische Beziehung mit einer Quelle« ist umgehend offen zu legen.

Vertrauen

»Vertrauen zwischen zwei Personen beruht meist auf Gegenseitigkeit und gemeinsam gemachten Erfahrungen sowie gegenseitigem Verstehen und auf früheren Handlungen.«

Diese Definition der Wertekommission lässt sich auf die Beziehung zwischen Medien und ihren Nutzern übertragen. So stellt sich das Druck- und Verlagshaus Gruner+Jahr in internen Leitlinien *(Vision, Ziele und Werte)* die Aufgabe: »Wir schaffen eigenständige, glaubwürdige und unabhängige Inhalte von höchster Qualität.«

Die Erreichung dieser Ziele bestimmt die Kommunikation zwischen Medium und Nutzer und prägt über die Zeit den Grad an Vertrauen und Glaubwürdigkeit.

Diese Glaubwürdigkeit wird entscheidend beeinflusst durch das Gebot der Trennung zwischen Redaktionsinteressen und Anzeigeninteressen: Sowohl redaktionelle Rücksichtnahmen auf Anzeigenkunden (»Man könnte sonst den Kunden verlieren«) als auch von Anzeigenkunden bestellte (oder in wirtschaftlich schwierigen Zeiten möglicherweise auch »erzwungene«) Hofberichterstattung (Gefälligkeitsjournalismus) zerstören die Vertrauensbasis zwischen dem Medium und seinen Nutzern. Verliert das Medium durch erkennbar – zum Beispiel durch Werbekunden – beeinflusste oder manipulierte Berichterstattung Auflage, Quote, Reichweite et cetera, so wenden sich ironischerweise genau die »Beeinflusser« als Werbekunden von diesen Medien wieder ab, weil sie die erwünschten Leistungswerte nicht (mehr) erreichen.

Nicht vergessen werden darf in diesem Zusammenhang, dass Art. 5 Grundgesetz auch für Anzeigenkunden gilt: Die darin postulierte Pressefreiheit findet ihre Grenzen ausschließlich in den allgemeinen (zum Beispiel Verbot von Gewaltverherrlichung) oder speziellen Gesetzen (zum Beispiel zur Heilmittelwerbung). Der beim jeweiligen Medium für das Werbegeschäft Verantwortliche (zum Beispiel der Anzeigenleiter in Zeitungs- und Zeitschriftenverlagen) ist in diesem Sinne für die Inhalte der Werbung verantwortlich, nicht aber Richter über inhaltliche, gestalterische oder geschmäcklerische Besonderheiten der Werbebotschaft, die möglicherweise der Redaktion nicht gefallen.

Perspektiven

Der harte Wettbewerb der Medien – die »Jagd« nach dem besten Thema, dem einzigartigen Bild, der exklusiven Nachricht, dem Scoop – stellen die Werte im Medienbereich immer wieder auf die Probe. Mangelhafte Führung und versagende Kontrollmechanismen führen immer wieder zu Fehlleistungen, auch Fälschungen et cetera mit teilweise gravierenden Folgen. Die Medien tun daher gut daran, hohe Anforderungen an die Etablierung und Erhaltung ihrer Werte zu legen, um dadurch nicht zuletzt Eingriffe des Gesetzgebers und Einschränkungen der Pressefreiheit zu verhindern.

Die inneren Werte eines jeden Einzelnen

Prof. Susanne Porsche

Werte – das ist eine Vokabel, die, so scheint es bei näherer Betrachtung, von vielen immer so genutzt wird, wie es eben passt. So gibt es in vielen Unternehmen so genannte »Wertekataloge«, die großartig klingen, als Marketinginstrument laut vorneweg getragen werden und das Gefühl vermitteln sollen, dass das unternehmerische Leben von jeder Menge Anstand getragen wird. Allerdings: Wer genau hinsieht, stellt fest, dass sich diese Wertekataloge in ihren auf Anhieb beeindruckenden Formulierungen in der Mehrzahl extern orientieren.

Da heißt es dann zum Beispiel: »Wir halten engen Kontakt zu unseren Kunden und wollen ein tiefes Verständnis für ihre Bedürfnisse und die Nutzung von Technologien aufbauen.« Oder: »Das Vertrauen unserer Kunden ist uns wichtig.« Oder: »Wir nehmen unsere Verantwortung gegenüber der Umwelt wahr.« Und immer wieder geht es um das Bewusstsein um den »Mehrwert für die Kunden«. Und gerne auch um das Versprechen, den Aktionären gegenüber Verantwortung zu zeigen.

Mit Verlaub: Dies sind Selbstverständlichkeiten im geschäftlichen Leben. Nicht weniger, aber auch nicht mehr. Schließlich lebt jedes Unternehmen davon, dass es durch Innovation, Qualität und letzlich durch die Zufriedenheit der Kunden Geld verdient. Firmen, die sich auf Dauer dem vernünftigen Umgang mit der Außenwelt verweigern, werden scheitern – eine Binsenweisheit.

Wer sich der Vokabel »Werte« bedient, muss aus meiner Sicht darauf achten, der Definition und damit der Anwendung des Wortes mit Verantwortung und Respekt zu begegnen. Womit wir mitten im Thema wären. Der oft zu beobachtende inflationäre Einsatz dieses im tatsächlichen Sinne »wert«-vollen Begriffes konterkariert jedes vorgebliche Bemühen.

Natürlich ist selbstverständlich, dass vor allem jüngere Führungskräfte unter enormem Druck stehen. Manche sind in Gefahr, mangelnde Erfahrung und den Druck des sicherlich notwendigen

Ehrgeizes durch menschliche Unzulänglichkeit zu ersetzen. Aber: So wichtig Bilanzen, geschäftliche Erfolge und Karriereschritte sind, wer ernsthaft und ehrlich über Werte redet, redet nur in zweiter Linie über unternehmerischen oder persönlichen Gewinn. Denn Werte sind die konstitutiven Elemente der Kultur, geben Halt und werden bewusst oder unbewusst an den Maßstäben innerhalb eines Sozialsystems gemessen und empfunden.

Daraus ergibt sich: Wer mit Menschen arbeitet, von ihnen Leistung verlangt und zu Recht die Akzeptanz notwendiger hierarchischer Strukturen erwartet, muss sich der grundsätzlichen Definition von Werten bewusst sein. Chef sein allein ist kein Wert; joviales Verhalten steht wahrhaft nicht für menschliche Größe. Ein Betriebsausflug im Jahr, bei dem »wir uns alle so gut verstehen«, hat nichts mit einer inneren Werte-Skala zu tun. Und das eine oder andere, fast wahllos und an meist zu teure externe Berater vergebene Werteseminar hat weder betriebswirtschaftlich noch menschlich einen tieferen Sinn.

Wer als Führungskraft Zuverlässigkeit, Ehrlichkeit, Gerechtigkeit, Vertrauen oder Aufrichtigkeit auch in schwierigen Momenten erwartet, muss das selbst glaubhaft (vor-)leben können. Leere Sätze wie »Sie können sich auf mich verlassen« werden schnell entlarvt – einfach deshalb, weil besonders in solchen Zusammenhängen beim jeweiligen Gegenüber vor allem die intuitive Ebene angesprochen wird. Die nicht einfache Aufgabe ist, dass das, was andere hören, deckungsgleich ist mit dem, was sie in diesem Moment empfinden.

Übersetzt heißt das also: Wer von anderen Verantwortung verlangt, muss sich im Ernstfall auch selbst zuverlässig und verantwortlich verhalten – und die anderen müssen das gelernt haben, also wissen und glauben. Wer Mitarbeiter inhaltlich kritisiert, muss sich selbst einer Kritik stellen – und alle anderen müssen um die Zuverlässigkeit wissen. Wer von anderen ein offenes Wort verlangt, muss das ehrliche Gefühl vermitteln, dass er zuhört und den möglichen eigenen (Denk-)Fehler zugesteht.

Das (Vor-)Leben von Werten in ihrer eigentlichen und einzigen Form hat nichts mit dem drohenden Verlust von Autorität oder dem Verfall von Hierarchie zu tun. Denn letztlich ist auch Autorität, soll sie von anderen zum Nutzen des Unternehmens anerkannt sein, nichts anderes als eine menschliche Größe. Und dafür gibt es kein Seminar und kein Diplom.

»Frage nicht, welche Werte dir dein Unternehmen bieten kann. Frage, welche inneren Werte du deinem Unternehmen zur Verfügung stellen kannst.« Denn nur dann, wenn das, was einzig unter dem Begriff Wert definiert ist, auf allen Ebenen eines Unternehmens von hoffentlich allen Mitarbeitern gelebt wird, ist ein Unternehmen »wertvoll«.

Werte?!

Rupert Stadler

Der Preis ist, was wir bezahlen,
der Wert ist, was wir bekommen!

Nach der Rechtschreibreform nun eine Wertereform? Reformen und Kommissionen hatte unser Land in den letzten Jahren nun wirklich genug.

Was wir nun insbesondere in Deutschland – und dies gilt gleichermaßen für Europa – brauchen, sind Mut zur Veränderung und die Bereitschaft, damit bei sich selbst zu beginnen. Hier klaffen Denken und Handeln noch weit auseinander.

Möglicherweise haben uns boomende Geschäftsjahre Ende der neunziger Jahre einige Wachstumsstrategien verkauft, die viel »heiße Luft« und allzu oft wenig Substanz produzierten. Dennoch haben wir daran geglaubt und versucht, damit Geld zu machen, um den eigenen Wohlstand zu mehren. Jeder Einzelne war auf seine Art glücklich, weil er das Gefühl hatte, teilzuhaben. Ob über Aktiengewinne, Lohnerhöhungen oder Urlaubsgelder – das System funktionierte.

Dies gab den Einzelnen zwar scheinbare Sicherheit, aber zeitgleich entstand ein Realitätsverlust, der die schleichende Gefahr einer zunehmenden Globalisierung in weite Ferne rückte. In diesen Phasen sind Werte eher eine Nebensache.

Anders reagiert der Mensch, wenn Arbeit knapp wird, der Lebensstandard bedroht ist und Zukunftsperspektiven fehlen. Mit genau diesen Gefühlen, Sorgen und Risiken beschäftigt sich unsere Gesellschaft derzeit über Gebühr. Man überreagiert. Auf einmal wird der Osteuropäer, der bereit ist, für geringes Geld unseren Spargel zu stechen oder den Hopfen zu ernten, zum Feindbild und dies obwohl jedes Wochenende seitenweise mit Stellenanzeigen geworben wird.

Politiker haben oft nicht den Mut, die Wahrheit zu sagen, oder gestalten zumindest den Prozess nicht offen genug, um ihn für die

Betroffenen nachvollziehbar zu machen. Berechenbarkeit und glaubwürdige Kommunikation sind in diesen Zeiten das A und O.

Unternehmer reagieren auf den zunehmenden Druck der Globalisierung, handeln mutig und zielstrebig und werden dafür als Turbokapitalisten oder gar als Heuschreckenplage abgebürstet.

Schade daran ist, dass vereinzelt schlechte Beispiele durch die mediale Massenwirkung zu einer Beschädigung einer Berufsgruppe führen, die sie nicht verdient hat. Wenn geeignete Rahmenbedingungen fehlen, braucht man sich über »Ursache und Wirkung« nicht zu wundern.

Im Grunde verdeutlichen Unternehmer mit ihrem Mut für zum Teil unpopuläre Entscheidungen nur, dass eine Freizeitgesellschaft ohne ausreichende Leistung nicht funktioniert. Soziale Verantwortung heißt eben nicht, dass alles beim Alten bleiben kann! Dieses Wahrnehmungsproblem haben wir schleunigst zu lösen.

Wir müssen zur Kenntnis nehmen, dass Entfernungen kleiner werden, die Veränderungsgeschwindigkeit ein rasantes Tempo vorlegt und andere Märkte und Gesellschaften hungriger auf bessere Lebensstandards sind, als wir dies durch eine gewisse Übersättigung sein können.

Wir brauchen wieder eine neue Balance aus Leistung und Zuversicht. Unsere Tugenden müssen reaktiviert werden, um eine Aufbruchstimmung zu erzeugen.

Die Frage ist nur: Wie ?

Und genau auf der Suche nach dem »Wie« traf ich mit einem Team junger Leute aus verantwortlichen Führungspositionen zusammen, die sich bereit erklärt haben, den Tanker Deutschland wachzurütteln, um Perspektiven und Ziele zu formulieren und Aufbruch zu leben. Das Fundament dieser Menschen sind gemeinsam formulierte Werte.

Leistungskultur, unternehmerischer Mut und Vertrauen in die Leistungsbereitschaft und -fähigkeit anderer sind wesentliche Anker dieser Initiative.

Für sie alle gilt, nicht das Erzählte reicht, sondern das Erreichte zählt.

Viele Unternehmen erarbeiten mit Hilfe externer Berater Leitlinien und Leitbilder für die Werte, die sie verkörpern wollen. Broschüren werden gedruckt und als Wurfsendung an Mitarbeiter verteilt.

So anonym stelle ich mir ein Wertesystem nicht vor. Zu oft mangelt es nach getaner Arbeit an Authentizität, weil in Prosa gekleideten Begriffen das Lebenselixier fehlt.

Werte werden nur dann Teil einer Unternehmenskultur oder auch Teil einer Gesellschaft, wenn sie in Führungsetagen vorgelebt werden. Man kann nicht »Wasser predigen«, danach »Wein trinken« und sich hinterher wundern, wenn beschlossene Veränderungen im Tagesgeschäft nicht umgesetzt werden.

Menschen brauchen Führung und Vorbilder, an denen sie sich orientieren können. Das bedeutet aber auch, dass man sich daran messen lassen muss.

Wir alle werden in den kommenden Jahren lernen müssen, mit harten einschneidenden Entscheidungen umzugehen. Dies stellt vor allem die soziale Verantwortung der Entscheidungsträger auf eine harte Probe. Ohne ein gemeinsames Werteverständnis fehlt dann der Halt, die Einsicht und damit der Erfolg auf Erneuerung sowie eine nachhaltige Zukunftssicherung.

Wir brauchen wieder Mut zu Wettbewerb und Höchstleistung. Bekanntlich ist der Mensch in der Not am kreativsten.

Den Fortschritt aber verdanken wir wie immer den Nörglern. Denn zufriedene Menschen scheuen Veränderungen.

Mit gelebten Werten erfolgreich führen

Klaus Thiemann

Mit gelebten Werten und Werthaltungen beeinflussen Menschen jederzeit die Entwicklung von Unternehmen, ihre Wettbewerbsfähigkeit, ihren Fortschritt, ihre Zukunft. Werte wirken über die gesamte Palette ökonomisch rechenbarer Erfolgsfaktoren. Dagegen sind Human Resources ohne Wertebasis für Unternehmen eher ein Risiko als ein Erfolgsfaktor. Diese Erkenntnis hat dazu geführt, dass sich Unternehmen weltweit mit Corporate Rules, Leitbildern oder einem strengen Werte-Kodex gegenüber ihren Stakeholdern selbst verpflichten.

Im Frühjahr 2005 haben Booz Allen Hamilton und das Aspen Institut über eine Studie in 30 Ländern festgestellt, dass » 98 Prozent der befragten Unternehmen ihre Unternehmenswerte schriftlich fixieren«. Aber es gibt Unterschiede zwischen dem gedruckten Wort und den gelebten Taten. Bei unternehmensinternen Befragungen wurde industrieweit festgestellt, dass 70 Prozent der Mitarbeiter nur Dienst nach Vorschrift praktizieren, 15 Prozent innerlich gekündigt haben und nur die restlichen 15 Prozent hoch engagiert arbeiten.

Auf zwei Handlungsebenen kann eine wertorientierte Unternehmensführung scheitern. Wo stellt sich die Herausforderung?

- *Im Konsens:* Unternehmensführung, Mitarbeiter, Kunden, Eigentümer und Investoren sowie Gesellschaft und Öffentlichkeit müssen ihre Beziehungen auf einer klar definierten Wertebasis gestalten. Sie folgen dabei ihrem eigenen Menschenbild. Aber zu welchen Werten ist die Affinität am größten?
- *In den Beziehungen:* Die für das Unternehmen wichtigen Werte müssen unter extremen Geschäftsbedingungen tagtäglich vom Unternehmer, vom CEO und seinen Vorstandskollegen vorgelebt werden. Wird die Führungsspitze diese innere

Haltung auf Dauer durchhalten, gerade in kritischen Phasen des Unternehmens?

Darum ist entscheidend, wie ernsthaft sich Unternehmen auf eine wertebasierte Führung umstellen. In Zeiten der Hochkonjunktur lässt sich aus leichter Hand mit Werten jonglieren. Der Zeitgeist treibt sein Spiel. Das darf nicht dazu führen, dass Unternehmen, öffentliche Institutionen, politische Parteien, die Medien und schließlich Millionen Kunden Grundwerte der Gesellschaft gering achten und als Ballast in ihren Beziehungen einstufen.

Mit Beginn des 21. Jahrhunderts fand ein Umdenken statt. In einer krisengeschüttelten Volkswirtschaft mit in der Existenz bedrohten Unternehmen und einer Gesellschaft, die um Arbeitplätze bangt, wünschen sich Menschen die Orientierung an eher konservativen Werten wie Wahrhaftigkeit, Sicherheit, Integrität. Glaubwürdige, fachlich kompetente Führungskräfte finden in dieser neuen Welt mehr Vertrauen als egozentrisch agierende Dynamiker, auf schnellen Profit fokussierte Manager oder Lichtgestalten, die als Medienstars ihre Bodenhaftung verlieren.

Heute müssen einschneidende Veränderungen in den Unternehmen vorgenommen werden. In dieser Situation fordern Stakeholder das überzeugende, gute Beispiel der Verantwortlichen an der Spitze von Unternehmen.

Aber kein CEO wird kraft Anstellungsvertrag über Nacht zum Vorbild für andere.

Ganz im Gegenteil: Er persönlich und seine Grundhaltung werden permanent auf dem Prüfstand stehen. Man wartet darauf, dass er oder sie sich durch Werte wie Vertrauen, Integrität, soziale Kompetenz und persönliches Engagement auszeichnen. Vertrauen bildet sich erst, wenn deutlich wird, dass authentische Persönlichkeiten Unternehmen führen, dass sie mit Eigentümern, Mitarbeitern, Lieferanten und Kunden die Zukunft des Unternehmens gemeinsam gestalten. Nur Führungskräfte, die ihr privates Leben mit der Überlebensfähigkeit ihres Unternehmens verbinden, werden als engagierte Vorbilder akzeptiert.

Erfolgreiche Unternehmer und Topmanager folgen bei ihren Entscheidungen einem inneren Kompass, der seine Koordinaten aus dem persönlichen Werteset bezieht. Herkunft, kulturelles und gesellschaftliches Umfeld, Erziehung und Bildung bestimmen den Inhalt des Wertesets.

In Europa sind die Grundwerte im christlichen Menschenbild verankert. Aber auch Denker wie Aristoteles oder Immanuel Kant, dessen Kategorischer Imperativ vorschreibt, wie wir mit Werten umgehen sollen, geben uns bis heute Orientierung. Führungskräfte haben daher abhängig von ihrem Menschenbild spezifische Werteoptionen.

Unser Kulturkreis überliefert Werte wie Ehrlichkeit, Treue, Liebe, Fürsorge, Fleiß, Mut oder Ehre. Sie sind tausendfach in Unternehmensgrundsätze und Führungsleitbilder eingeflossen.

Wer erfolgreich Unternehmen führen will,

- achtet Würde, Leistungen und Rechte der Menschen in seiner Umgebung;
- macht Wahrhaftigkeit, Offenheit, Gradlinigkeit, Zuverlässigkeit zu seinen Stärken;
- ist optimistisch, sieht mutig voraus und nicht ängstlich zurück;
- erlebt Wettbewerb als sportlich, faire Herausforderung;
- akzeptiert, dass emotionale Kompetenz so wichtig ist wie Sachkompetenz;
- weckt durch Vitalität und Ausstrahlung positive Energien bei Mitarbeitern;
- nutzt Entschlusskraft und Erfolgswillen für zielgerichtetes Handeln;
- wird nicht müde, Überzeugungsarbeit mit Begeisterung zu leisten;
- ist Stolz auf Veränderungen und Innovationen;
- übernimmt gesellschaftlich Verantwortung, liebt Dialog und Diskussion.

Derartige Eigenschaften wirken wie die Kernkompetenzen einer Marke. Wenn sie von herausragenden Führungspersönlichkeiten nachhaltig gelebt werden, entsteht das Bild einer »Manager-Charakter-Marke« mit einzigartiger Wertigkeit.

Erfolgreiche Unternehmensführung hatte schon immer einen Namen. Heute, in unserer Mediengesellschaft sollte es ein starker

Markenname sein, damit die Botschaft durchdringt: *Führen statt folgen!*

Teil 6
Schluss und Ausblick

Wertekommission – Initiative Werte Bewusste Führung

Was uns wichtig ist – so lautet der Titel dieses Buches. Zum Abschluss soll noch einmal versucht werden, auf diese Frage eine Antwort zu geben: Unser zentrales Anliegen ist, dass Unternehmen und Unternehmer ihr Denken und Handeln künftig in viel stärkerem Maße an Werten ausrichten, als dies bislang der Fall war. Dabei ist uns bewusst, dass dieses Ziel nur schrittweise erreicht werden kann. Umso wichtiger ist es, dass wir nicht länger damit warten, einen Prozess anzustoßen, der einen immer höheren Verbreitungsgrad an wertebewusster Führung hervorbringen soll.

Wichtig sind uns auf dem Weg dorthin mehrere Dinge: Zum einen treten wir an als eine Generation, die bereit ist, Verantwortung zu übernehmen. Die Zeiten, in denen man es sich leisten konnte, mit verschränkten Armen am Spielfeldrand gesellschaftlicher Debatten zu stehen, um das Treiben anderer zu beobachten, sind definitiv vorbei. Ein jeder von uns muss selbst auf das Spielfeld und dort sein Bestes geben – für unsere Unternehmen, die Mitarbeiter und deren Familien und damit auch für die Gesellschaft. Verantwortung zu übernehmen, ist mehr als nur ein Wert an sich. Es gilt, unter Hintanstellung des persönlichen Vorteils zur Zukunft von Wirtschaft und Gesellschaft einen eigenen, wahrnehmbaren Beitrag zu leisten.

Wichtig ist uns auch, dass Führung und Wertebewusstsein zu einem unzertrennlichen Begriffspaar zusammenwachsen. Damit meinen wir beispielsweise, dass künftig bei der Besetzung von Führungspositionen die Werteorientierung der Kandidaten ein wesentliches Auswahlkriterium darstellt. Aufgabe der Unternehmen ist es, dafür geeignete Messmethoden zu entwickeln. Damit geht einher, dass die Unternehmen selbst bereit sein müssen, sich auf ihre Wertebasierung hin permanent überprüfen zu lassen. Nur wenn wir die Ausrichtung an Werten auf immer mehr Unternehmen und deren Führungskräfte ausdehnen, kommen wir dem Ziel einer wertebasierten Wirtschaft (und Gesellschaft) näher.

Was uns wichtig ist. Stefanie Unger, Kai Hattendorf, Sven H. Korndörffer

ISBN: 3-527-50189-4

In diesem Zusammenhang werden wir das Thema Werte auch zum Gegenstand einer professionellen Kommunikation machen. Ziel muss es sein, das Bewusstsein von immer mehr Menschen für die Wichtigkeit von Werten zu öffnen und Werte im Denken und Entscheiden unserer Kollegen, Nachbarn und Partner fest zu verankern. Die Erkenntnis, dass Werte sich lohnen, verdient es, laut postuliert und gehört zu werden. Ebenso stellen wir uns vor, dass die Kapitalmärkte – Anleger wie Analysten – die Werteorientierung von Unternehmen in ihre Analysen und Bewertungen mit einbeziehen. Gerade die Kapitalmärkte sollten es honorieren, wenn ein Unternehmen sein Handeln an definierten Werten ausrichtet und dadurch eine besondere Form der Nachhaltigkeit entwickelt, von der Mitarbeiter, Kunden und Umwelt gleichermaßen profitieren.

Wichtig ist uns schließlich, dass über Führung in unserem Land und seinen Unternehmen künftig in anderer Form nachgedacht wird als bislang. Heute hat Führung oftmals mit der Demonstration von Stärke zu tun oder mit der Ausübung vermeintlicher oder tatsächlicher Macht. In Zukunft wünschen wir uns ein Verständnis von Führung, das bestimmte Werte zur Richtschnur des Handelns erklärt. Dies kann besondere, zusätzliche Kraftpotenziale freisetzen. In Einzelfällen kann es hingegen auch bedeuten, dass eine getroffene Entscheidung zurückgenommen wird, weil man festgestellt hat, dass sie beziehungsweise ihre Folgen mit den Werten, auf die ein Unternehmen sich verständigt hat, nicht im Einklang stehen. Werte als Motivator, aber auch als Korrektiv, das Fehlentwicklungen verhindert – das ist ein Verständnis von Führung, dem wir uns anschließen können.

Zwei Dinge seien abschließend erwähnt: Zum einen stellen die Inhalte dieses Buches das Ergebnis eingehender Diskussionen mit Vertretern verschiedener gesellschaftlicher Bereiche dar. Ohne diese Gespräche hätte es manche Erkenntnis – und dieses Buch – nicht gegeben. Mit dem Dank an alle, die sich unseren Fragen gestellt haben, geht deshalb das Versprechen einher, dass dieses Buch lediglich eine Zwischenbilanz darstellen soll; der Diskurs geht selbstverständlich weiter.

Zum anderen sind wir uns der Tatsache bewusst, dass in diesem Buch eine Vielzahl von Forderungen erhoben werden; Forderungen, von denen wir meinen, dass sie auch berechtigt sind. Während wir jedoch auf die Erfüllung dieser Forderungen seitens der jeweiligen Adressaten setzen, ist völlig klar, dass wir selbst mit möglichst gutem Beispiel vorangehen müssen. Und genau darauf haben wir uns, ein jeder in seinem Umfeld, auch verpflichtet. Jeder von uns will und wird seinen Beitrag dazu leisten, dass Unternehmen sich immer stärker an Werten orientieren. An unserem Verhalten, unserer Einstellung und unserem Handeln werden wir uns täglich messen lassen.

Anmerkungen

1 nach Wikipedia
2 Zitat: Christian Steinberg, Geschäftsführer CS Coaching in Hamburg
3 Hrsg. Stefanie Unger, *Vertrauen ist gut ...*, Frankfurt/M. 2003, Zitat: Friedrich von Metzler
4 http://www.gtz.de/de/unternehmen/ 1738.htm
5 Selbstverständlich ist die Entwicklung von Unternehmen ein dynamischer Prozess. Die hier gemachten Angaben beziehen sich auf die Zeit vor der 1998 eingeleiteten Fusion der weltweit tätigen Universalbank mit einem anderen Finanzkonzern.
6 Anm.: Es handelt sich hier um eine freie Übersetzung des Originaltextes in englischer Sprache.
7 Im Original werden konkrete Zahlen genannt, die für diese Ausführungen allerdings nicht maßgeblich sind.
8 Dirks & Ferrin, 2002
9 aus Weinert, 2004
10 Schwartz, 1992
11 vgl. Schneider, 1992
12 Semmer & Udris, 2004
13 Semmer & Udris, 2004
14 Sonnentag et al., 2004
15 House & Shamir, 1993
16 (House & Shamir, 1993; Dirks & Ferrin, 2002)
17 House, 1996
18 House, 1996
19 Dvir, Eden, Avolio und Shamir, 2002
20 Dirks & Ferrin, 2002
21 Vgl. Claßen: *Personalwirtschaft* 6/2004, S. 26–30
22 Schnebel (1997): *Management-Werte-Organisation*, S. 19
23 Vgl. Bartscher/ Bomke (1995): *Unternehmungspolitik*, S. 303–324
24 Smith: *Gefühle*, S. 167
25 Rusche (2002): *Aspekte einer dialogbezogenen Unternehmensethik*
26 McKinsey&Company (2005)
27 Volkswagen Konzernleitlinien
28 Arun Gairola: *Harvard Business manager* 10/2003
29 Schuh, Vorstand der Eurohypo AG
30 *Harvard Business Review*, 6/2002
31 Jermyn Brooks beim 11. Treffen der Wertekommission
32 Wie viel Kritik war in der DDR möglich? Ist nicht auch in mancher Firma konstruktive Kritik ein Karrierekiller?
33 Ronald Ingelhart, 1995: Wertwandel in der westlichen Welt, Frankfurt/New York. Ders., 1998: Modernisierung und Postmodernisierung. Kultureller, wirtschaftlicher und politischer Wandel in 43 Gesellschaften, Frankfurt/New York. Inglehart verweist auch darauf, dass ein Wertewandel stark an einen Generationenwechsel gebunden ist. Von daher dürften wegen der abnehmenden Geburtenrate die intergenerationellen Verschiebungen ebenso abnehmen, vgl. Ingelhart, 1995: S. 133
34 Lutz Bellmann/Ernst Kistler/Jürgen Wahse, 2003: »Betriebliche Sicht- und Verhaltensweisen gegenüber älteren Arbeitnehmern«, in: *Aus Politik und Zeitgeschichte* 20/2003 (12. Mai), 26–34
35 Financial Times, 10.03.2005; bei diesen Zahlen ist die Wirtschaftsleistung der deutschen Baubranche noch nicht mit einbezogen

Was uns wichtig ist. Stefanie Unger, Kai Hattendorf, Sven H. Korndörffer

ISBN: 3-527-50189-4

36 Die Ablösung des Vorstandsvorsitzenden der Deutschen Börse AG im Mai 2005 gegen den erklärten Willen des Aufsichtsrates auf Betreiben eines angelsächsischen Großaktionärs ist ein eindrucksvoller Beleg für die international unterschiedlichen Auffassungen von Corporate Governance.

37 *The wealth of nations* (1776)

38 Collins/Porras: *Built to Last,* London, 2000

39 Collins/Porras: *Built to Last,* London, 2000, S. 220

40 Lencioni, in: *Harvard Business Review,* 2002, R0207J

Die Autoren

Dr. Jürgen Althans

Von 1972–1977 studierte Dr. Jürgen Althans in Münster Betriebswirtschaftslehre und war anschließend Assistent und Geschäftsführer am Institut für Marketing (Direktor: Prof. Dr. H. Meffert) der Universität Münster. Dort wurde er im Jahre 1981 promoviert. 1982 ging er zu Gruner+Jahr, war dort Trainee und Assistent (1982–1984), Verlagsleiter Stern (1986–1994), Verlagsgeschäftführer GEO (1994–2000) und Verlagsgeschäftsführer Capital, Impulse, Börse Online (2000–2003). Seit Januar 2004 ist Dr. Jürgen Althans Leiter Personal- und Mangemententwicklung der Druck- und Verlagshaus Gruner+ Jahr AG&Co. KG in Hamburg.

Frank Bethmann

Von 1989–1993 studierte Frank Bethmann Betriebswirtschaftslehre an der Freien Universität Berlin. Sein journalistisches Handwerk erlernte er beim heutigen RBB (dem früheren SFB). Frank Bethmann gehörte 2002 zu einer 14-köpfigen Gruppe führender Wirtschaftsjournalisten, die an einem internationalen Förderprogramm der Bertelsmann-Stiftung teilnahmen. Frank Bethmann ist seit 1997 Redakteur und Moderator im ZDF-Morgenmagazin. Seit 2003 leitet er dort das Ressort Wirtschaft.

Mathias Bucksteeg

Seine berufliche Laufbahn begann Mathias Bucksteeg als Mitbegründer und Projektleiter des Instituts für Wohnungswesen, Immobilienwirtschaft, Stadt- und Regionalentwicklung (InWIS) GmbH in Bochum. 1998 war Mathias Bucksteeg im Ministerbüro

Was uns wichtig ist. Stefanie Unger, Kai Hattendorf, Sven H. Korndörffer

ISBN: 3-527-50189-4

des Ministeriums für Wirtschaft, Mittelstand, Technologie und Verkehr des Landes Nordrhein-Westfalen tätig sowie im Landtag Nordrhein-Westfalen, wo er als Wissenschaftlicher Referent die

Enquête-Kommission »Zukunft der Erwerbsarbeit« betreute. Bis März 2002 leitete Mathias Bucksteeg das Referat Politische Analyse in der Planungs- und Grundsatzabteilung des Bundeskanzleramtes. Er war unter anderem zuständig für die Themen »Bündnis für Arbeit«, »Modernes Regieren«, Politische Analyse und Planung, Schwerpunkte des Legislaturperiodenprogramms (»Reformagenda«) sowie für die Organisation der internationalen Konferenzserie »Modernes Regieren im 21. Jahrhundert«. Mathias Bucksteeg ist seit 2002 bei der Prognos AG, zunächst als Bereichsleiter, seit Ende 2003 als Direktor Deutschland tätig. Er verantwortet zugleich die Geschäftsbereiche Public Management (Verwaltungsmodernisierung, Strategisches Wirkungsmanagement, Reorganisation), Zukunft der Regionen (»Zukunftsatlas«, Leitbildprozesse, Strukturpolitik) und Innovationsmanagement (Technologie-Screening, Clusteranalysen, Evaluationen). Heute ist Mathias Bucksteeg unter anderem akkreditierter Trainer der EU-Kommission für Impact Assessment und folgt einem Lehrauftrag Politisches Management und Politikberatung an der Eberhard Karls Universität Tübingen. Bucksteeg ist Mitglied der DeGeval – Deutsche Gesellschaft für Evaluation, Vorstandsmitglied der Gesellschaft für Programmforschung GfP und Mitglied der Kommission Demografischer Wandel der Staatskanzlei des Freistaates Sachsen.

Barbara David M.A.

1975 absolvierte Barbara David ihre Ausbildung zur Bankkauffrau in der Commerzbank in Frankfurt am Main und war im Anschluss im Kreditbereich tätig. Ihr Studium der Germanistik schloss sie 1985 an der Johann Wolfgang Goethe-Universität in Frankfurt am Main ab. 1989 folgte eine Weiterbildung zur Personalfachkauffrau. Seit 1986 ist Barbara David wieder in der Commerzbank beschäftigt. Sie begann ihre Aufgabe im Bereich Innenleitung des Zentralen Stabs Kommunikation. Nach der Geburt ihres Sohnes übernahm sie Aufgaben in der Schlussredaktion. 1992 wechselte sie in den Zentralen Stab Personal. Heute leitet sie das Team Diversity. Sie ist Mitglied im Vorstand der »Hessenstiftung: Familie hat Zukunft«, im Verein »Taten statt Worte – eine Initiative zur Gleichstellung in Unternehmen« sowie im Förderkreis »Cornelia Goethe Centrum für Frauenstudien und Geschlechterforschung« der Johann Wolfgang Goethe-Universität Frankfurt.

Marc Hamer

Von 1998–2004 studierte Marc Hamer Wirtschaftsingenieurwesen an der Universität Karlsruhe (TH) mit der Fachrichtung Unternehmensplanung. Während seines Studiums verbrachte er unter anderem zwei Jahre in Brasilien und arbeitete dort für DaimlerChrysler Financial Services und Ernst & Young. Marc Hamer ist seit Anfang 2005 im internationalen Traineeprogramm der Volkswagen AG. In diesem Einstiegsprogramm für Hochschulabsolventen arbeitet er 15 Monate lang national und international an Projekten entlang der Wertschöpfungskette des gesamten Konzerns.

Dr. Michael Hartmann

Dr. Michael Hartmann ist seit 1999 Studienleiter an der Evangelischen Akademie zu Berlin. Er ist verantwortlich für den Bereich Wirtschaft – sowohl im Tagungsangebot der Akademie wie auch in der Beratung von anderen Organisationen und Gremien der evangelischen Kirche. Dr. Michael Hartmann war vorher als Regionalökonom in Forschung und Beratung in Münster/Westfalen tätig und hatte an der dortigen Universität Lehraufträge in Regionalökonomie und Wirtschaftsethik. Studiert hat Hartmann Wirtschafts- und Sozialwissenschaften sowie Theologie an den Universitäten Passau und Münster, Forschungsaufenthalte führten ihn an das Institute for African Studies in Lusaka (Sambia) und an die Aristotle University of Thessaloniki.

Helmut Andreas Hartwig

Helmut Andreas Hartwig begann seinen Berufsweg 1971 mit einer Ausbildung zum Bankkaufmann. Danach war er als Journalist, Kommunikationsberater, Moderator und Dozent in der politischen Presse- und Öffentlichkeitsarbeit tätig sowie fungierte als Berater für Industrie, Medien- und Kultureinrichtungen. 1989 gründete er Sponsor Partners, die sich unter seiner Führung innerhalb weniger Jahre zur Topadresse für Eventmarketing, Public Relations und Sponsoring entwickelte. Helmut Andreas Hartwig war seit Januar 2001 Chairman der BBDO Germany. In dieser Funktion übernahm er unter anderem den Vorsitz der Gesellschafterversammlung der deutschen BBDO-Partner und setzte sich für die Vernetzung und interdisziplinäre Zusammenarbeit der BBDO-Agenturen ein. Heute engagiert sich Helmut Andreas Hartwig für gesellschaftspolitische Themen, hierbei unter anderem für die Umsetzung von Werten in der Wirtschaft. Darüber hinaus ist Hartwig als Berater für verschiedene Unternehmen tätig.

Kai Hattendorf

Kai Hattendorf ist seit 2003 bei T-Online in der Konzernkommunikation tätig, wo er die Public-Affairs-Aktivitäten verantwortet. Zuvor war er maßgeblich – unter anderem als Redaktionsleiter – am Aufbau der Wirtschaftsnachrichtenagentur dpa-AFX beteiligt. Kai Hattendorf hält einen Masters- Titel der American University in Washington, DC, wo er als Fulbright-Stipendiat ebenso studierte wie in Dortmund und Edinburgh.

Joern Herseth

Nach Abitur und Ausbildung zum Industriekaufmann studierte Joern Herseth Internationale BWL an der International School of Management (ISM), Dortmund, der European Business School, London, und der University of California, Berkeley. Von 2001–2002 war er Referent des Vorstandes der Gontard & Metall Bank, Frankfurt und bis 2004 stellvertretender Leiter des Bereiches M&A und Unternehmensentwicklung bei der Bilfinger Berger AG in Mannheim. Heute ist Joern Herseth im Bilfinger-Berger-Konzern verantwortlich für den Auf- und Ausbau der Immobiliendienstleistungen als Leiter M&A der Facility Management-Tochter HSG und Vertriebsleiter der Property-Management-Tochter EPM Assetis GmbH.

Christiane Hölz

Bis 1999 hat Christiane Hölz an der Universität zu Köln Rechtswissenschaften studiert und ein Auslandssemester in Frankreich an der Université Paul Valéry in Montpellier verbracht. Christiane Hölz ist Rechtsanwältin und seit 1999 für die Deutsche Schutzvereinigung für Wertpapierbesitz e.V. (DSW) in Düsseldorf tätig. Ihre Zuständigkeit erstreckt sich unter anderem auf den Themenbereich (internationale) Corporate Governance, Vertretung von Aktionären auf Hauptversammlungen sowie die rechtliche Beratung von Mitgliedern in gesellschaftsrechtlichen Fragen. Daneben ist sie bei der DSW zuständig für Analysen und Untersuchungen, unter anderem mit den Schwerpunkten Vergütung beziehungsweise Unabhängigkeit des Aufsichtsrates.

Dr. Georg Horntrich

Dr. Georg Horntrich war wissenschaftlicher Mitarbeiter an der Katholischen Theologischen Fakultät Erfurt und studierte Katholische Theologie in Münster und Paris. Seit 2002 ist Dr. Georg Horntrich Studienleiter für den Bereich Wirtschafts- und Sozialethik an der Katholischen Akademie Rabanus Maurus in Frankfurt am Main. Neben der Bearbeitung gesellschaftlicher Konfliktfelder bilden unternehmensethische Fragestellungen den Schwerpunkt seiner Arbeit.

Georg Jacobi

Georg Jacobi ist neben seinem Studium bei Ernst & Young beschäftigt und als Assistent von Stefanie Unger tätig. Er studiert International Business Administration an der Copenhagen Business School und Betriebswirtschaft an der FU Berlin. Georg Jacobi ist im Verein der Berliner Kaufleute und Industrieller und engagiert sich darüber hinaus für gemeinnützige und kulturelle Zwecke.

Gillian Karran-Cumberlege

Gillian Karran-Cumberlege ist seit Mai 2000 Leiterin Investor Relations der Volkswagen AG. Bevor sie zur Volkswagen AG kam, hat Gillian Karran- Cumberlege den Bereich Investor Relations bei UBS geleitet. In den Jahren 1991 bis 1998 arbeitete Gillian Karran-Cumberlege bei der Dresdner Bank AG, wo sie den Bereich Investor Relations aufgebaut hat. Gillian Karran-Cumberlege hat einen Studienabschluss in Geschichte (Trinity Hall, Cambridge) und ihre berufliche Karriere begann sie bei der Bank of England.

Sven H. Korndörffer

Sven H. Korndörffer studierte an der Rheinischen Friedrich-Wilhelms-Universität Bonn und erwarb dort 1994 sein Volkswirtschaftsdiplom. Von 1995 bis 2001 war er in verschiedenen Funktionen bei der NORD/LB tätig, zunächst im Stabsbereich Kommunikation und Internationale Beziehungen; hiernach war er persönlicher Assistent des Vorsitzenden des Vorstandes. Heute ist Sven H. Korndörffer Bankdirektor und leitet den Vorstandsstab der Norddeutschen Landesbank Girozentrale (NORD/LB).

Klaas Ockens

Klaas Ockens hat neben seiner Bankausbildung betriebswirtschaftliche Universitätsabschlüsse an der Universität Hamburg und der Columbia Business School in New York erworben. Von 1994-2003 war Klaas Ockens in verschiedenen Funktionen bei der M.M. Warburg & CO In Hamburg beschäftigt, zunächst als Assistent der Geschäftsführenden Partner der Bank und danach in verschiedenen und teilweise internationalen Funktionen bei Immobilien-Tochtergesellschaften. Dort war er zuletzt verantwortlich für eine gemeinsam mit der Deutschen Bank gegründete Immobilieenaktiengesellschaft im Logistik Sektor. Seit 2003 ist Klaas Ockens für Sireo tätig und verantwortlich für das Geschäftsfeld Financial Services. Zuvor war Klaas Ockens für den Bereich Corporate Affairs mit Schwerpunkt in der Unternehmensentwicklung zuständig.

Dr. Arend Oetker

Dr. Arend Oetker studierte Betriebswirtschaftslehre und politische Wissenschaften in Hamburg, Berlin und Köln. 1967 wurde er zum Dr. rer. Pol. an der Universität zu Köln promoviert. Oetker ist Präsident des Verwaltungsrats der Hero AG, Vorsitzender des Aufsichtsrats der Schwartauer Werke GmbH & Co. KGaA, stellvertretender Vorsitzender des Aufsichtsrats der KWS Saat AG, Vorsitzender des Beirats der TT-Line GmbH Hamburg und Mitglied des Aufsichtsrats der Cognos AG. Weiterhin ist er Mitglied des Aufsichtsrats der Degussa AG, des Aufsichts- und Gesellschafterrats der Merck KGaA und des Verwaltungsrates der Baloise Holding AG. Darüber hinaus ist Oetker Präsident des Stifterverbandes für die Deutsche Wissenschaft, Vizepräsident des Bundesverbandes der Deutschen Industrie e.V. Präsidiumsmitglied des Bundesverbandes der Deutschen Arbeitgeberverbände und Vorsitzender des Vorstandes der Atlantik-Brücke e.V. Hauptberuflich ist Dr. Arend Oetker heute Geschäftsführender Gesellschafter bei der Dr. Arend Oetker Holding GmbH & Co. KG in Berlin.

Prof. Susanne Porsche

Prof. Susanne Porsche arbeitete während ihres Medizinstudiums 1979 als Moderatorin im Kinderfernsehen des ZDF. Zwei Jahre später entschied sie sich für einen Wechsel hinter die Kulissen und fungierte fortan als Drehbuchautorin, Regisseurin und Redakteurin. Wiederum zwei Jahre später machte sich Susanne Porsche selbstständig und ging als Produzentin nach Berlin. In Stuttgart gründete die Medienexpertin 1990 die mps mediaproductions by susanne porsche GmbH. 1993 etablierte sie ihr Unternehmen, das in den Bereichen Film- und Fernsehproduktion, Consulting, Media und Concept tätig war, erfolgreich in der vielfältigen Münchner Medienlandschaft. 1999 wurde die Unternehmerin Vorstandsmitglied der EAF (Europäische Akademie für Frauen in Politik und Wirtschaft) und engagierte sich darüber hinaus in zahlreichen weiteren Stiftungen und Förderinitiativen. Mit dem Verkauf der mps mediaproductions by susanne porsche GmbH an die auratis AG im Sommer 2001 wurde das Unternehmen Teil des auratis-Netzwerks im Verbund mit den Agenturen mps mediaworks, Schmidt und Kaiser, The Performers und Hardenberg Concept. Im Dezember 2002 übernahm Radiate die Mehrheit an der auratis AG. Radiate gehört zur Omnicom-Group, einem der größten Marketing- und Kommunikationsunternehmen der Welt. Im September 2002 nahm Susanne Porsche in Wien eine staatliche Auszeichnung des österreichischen Bundesministeriums für Bildung, Wissenschaft und Kultur entgegen. Mit der Verleihung des Professorentitels würdigte Bildungsministerin Elisabeth Gehrer das vielfältige kulturelle Engagement Susanne Porsches sowie ihr Wirken als Film- und Fernsehproduzentin. Mit Natalie Scharf gründete Susanne Porsche im Dezember 2002 als Geschäftsführerin die sanset Film und Fernsehproduktionen GmbH, um sich wieder verstärkt der Film- und Serienproduktion zu widmen. Für die auratis AG ist sie seit April 2003 weiterhin als Beraterin tätig. Im Herbst 2003 erschien Susanne Porsches erstes Buch mit dem Titel *Kinder wollen Werte – Ein Leitfaden für Eltern – für eine neue Ethik in der Erziehung* im Südwest-Verlag.

Sabine Prößl

Sabine Prößl ist seit 1999 für die Eurohypo AG beziehungsweise deren Vorgängerinstitut Eurohypo Aktiengesellschaft Europäische Hypothekenbank der Deutschen Bank tätig. Nach Abschluss des Zweiten juristischen Staatsexamens mit Schwerpunkt Arbeitsrecht absolvierte Sabine Prößl in der Zeit bis Ende 1999 ein Traineeprogramm bei der Eurohypo. Es folgten weitere Tätigkeiten unter anderem im Großkreditbereich, als Vorstandassistentin und – vor allem im Rahmen der Fusion zur Eurohypo AG – in Sonderprojekten. Seit 2003 ist Sabine Prößl für das Projektmanagement in CC Personal verantwortlich.

Jens-Thorsten Rauer

Jens-Thorsten Rauer ist bei IBM in Stuttgart als Executive Assistent des General Managers von IBM Global Services tätig. Zuvor war er als Senior Client Solution Executive (»Master Dealmaker«) im Bereich IT- und Business Transformation Outsourcing für umfangreiche Akquisevorhaben in Zentral- und Osteuropa verantwortlich. Von 2001 bis 2003 zeichnete Jens-Thorsten Rauer als Bereichsleiter und Senior Vice President bei einer Tochter der Dresdner Bank international für das Account- und Leistungsmanagement der IT Infrastruktur verantwortlich. Nach der Fusion mit der Allianz leitete er zusätzlich diesen Bereich deutschlandweit im Allianz-Konzern. In den Jahren 1994 bis 2001 war er bei IBM in verschiedenen und teilweise internationalen Funktionen beschäftigt, unter anderem in der Beratung, dem Großkundenvertrieb und im Strategic Outsourcing. In dieser Zeit war er auch verantwortlicher kaufmännischer Leiter und Vertragsbevollmächtigter einer der größten Outsourcing-Abschlüsse der IBM in Zentraleuropa. Jens-Thorsten Rauer hat 1993 an der ebs (European Business School, wissenschaftliche Hochschule, Schloss Reichartshausen) seinen Abschluss erworben und steht seit 2002 der Alumni-Organisation exebs als 1. Vorsitzender vor.

Liane Scheinert

An der Universität Saarbrücken studierte Frau Liane Scheinert Betriebswirtschaftslehre mit dem Schwerpunkten Konsumentenverhalten und Werbung. 1995 startete sie ihren beruflichen Weg bei der AUDI AG und war in verschiedenen Funktionen im Geschäftsbereich Marketing/Vertrieb tätig. Nach dem Aufbau eines Markenbindungsprogrammes und der Steuerung des Direktmarketings für den Markt Deutschland leitete sie den Bereich Audi Modellkataloge und Emotiontrailer und verantwortete Konzeption, Produktion/ Shootings sowie den weltweiten Einsatz in der Vertriebsorganisation der Audi AG. Anfang 2004 übernahm Liane Scheinert im Volkswagen Konzern die Leitung des Büros Unternehmenskultur und betreute den Kulturveränderungsprozess innerhalb des Konzerns auf Basis der Konzernwerte. Zurück bei der AUDI AG verantwortet sie dort derzeit die Neukonzeption des Auftritts der Marke in den Schauräumen weltweit.

Rupert Stadler

Rupert Stadler studierte an der Fachhochschule Augsburg Betriebswirtschaft mit den Schwerpunkten Unternehmensplanung/Controlling sowie Finanz, Bank und Investitionswirtschaft. Nach seinem Abschluss als Diplom-Betriebswirt begann Rupert Stadler seine berufliche Laufbahn bei der Philips Kommunikation Industrie AG in Nürnberg. 1990 wechselte Stadler zur Audi AG, Ingolstadt. Dort übernahm er verschiedene Aufgaben im Bereich Controlling für Vertrieb und Marketing. 1994 trat Stadler als Kaufmännischer Geschäftsführer bei der Volkswagen/Audi Espana SA Barcelona ein. In dieser Funktion zeichnete er für Controlling, Rechnungs- und Personalwesen sowie Organisation verantwortlich. Von 1997 an war Stadler Leiter des Generalsekretariats beim Vorstandsvorsitzenden des Volkswagen Konzerns und von Januar 2002 an zusätzlich Leiter der Konzern-Produktplanung. Rupert Stadler ist seit dem 1. Januar 2003 Mitglied des Vorstandes der Audi AG. Seit dem April 2003 trägt Stadler die Verantwortung für den Geschäftsbereich Finanz und Organisation.

Dr. Martin Steinbach

Dr. Martin Steinbach, Deutsche Börse AG, Director, Head of Issuer Relations im Bereich Stock Market Business Development, Diplom-Kaufmann, Bankkaufmann, ist seit über 10 Jahren im Bereich Corporate Finance tätig, wo er eine Vielzahl von Börsengängen (IPO/SPO), M&A-Transaktionen im Mittelstand und Private Equity Investments mit Fokus auf den Technologiesektor führend verantwortete. Seine Erfahrungen basieren auf leitenden Positionen sowohl im Investmentbanking der GZ-Bank AG, im Venture- Capital-Bereich als Geschäftsführer der SG-Kapital als auch auf der Seite des Emittenten als Director Corporate Finance bei der entory AG, sowie in Aufsichts- und Investitionsgremien verschiedener Unternehmen. Seit Januar 2003 führt er die Abteilung Issuer Relations im Bereich Stock Market Business Development der Deutsche Börse AG.

Dr. Robert von Steinau-Steinrück

Dr. von Steinau-Steinrück hat in Passau, Bonn und Berlin studiert, in Düsseldorf 1990 sein erstes und in Berlin 1996 sein zweites Staatsexamen abgelegt. Er ist seit 2003 Partner bei der Sozietät Luther in Berlin, zuvor war er bei der Sozietät Gleiss Lutz in Berlin und Stuttgart sowie bei der Kanzlei Walter Conston, Alexander & Green in New York tätig. Er ist Lehrbeauftragter an der Universität Potsdam. Er ist auf dem gesamten Gebiet des Arbeitsrechts tätig und berät zahlreiche Unternehmen wie auch leitende Angestellte. Ein Bereich seiner Beratungstätigkeit umfasst Fragen der Umsetzung der amerikanischen Sarbanes-Oxley-Gesetzgebung sowie der Corporate-Governance-Regeln, zu denen auch die Einführung und Durchsetzung von Corporate Values zählt.

Klaus Thiemann

Der berufliche Werdegang von Klaus Thiemann führte ihn zuerst in die Unterhaltungs-Elektronik und Hausgeräteindustrie wo er sechs Jahre bei der Braun AG als Vertriebs- und Marketingdirektor tätig war und danach 15 Jahre in der Krups-Moulinex-Gruppe. Dort startete er als Geschäftsführer Krups. Nach der Übernahme war er in Paris Mitglied im Executive-Board sowie CEO für beide Marken-Gesellschaften in USA und Deutschland. 1997 wechselte Klaus Thiemann in die Telekommunikation zu E-Plus, wo er bis zum Verkauf des Unternehmens als Vorsitzender der Geschäftsführung bis Ende 2000 tätig war. Danach war er im Vorstand von Arcor für das Privatkundengeschäft bis 2004 verantwortlich. Klaus Thiemann ist heute als Aufsichtsrat und Beirat in der Telekommunikation und Marken-Industrie tätig und berät darüber hinaus Unternehmen in Strategie- und Marketingfragen. Er besitzt als erfolgreicher CEO eine über 30-jährige nationale sowie internationale Erfahrung.

Dr. Clifford Tjiok

Dr. Clifford Tjiok ist seit 2001 bei der Landesbank Hessen-Thüringen (Helaba) als Bankdirektor und Leiter für Syndizierungen tätig. Zuvor war er bei der Citibank in London, ab 1998 als Risk Manager für den Geschäftsbereich Securities Services tätig mit diverser regionaler Zuständigkeit in Europa und bei der Deutsche Bank AG ab 1994 in Frankfurt und London, zunächst als IT-Projektleiter für Konzerntreasury und zuletzt als Credit Risk Officer mit globaler Projektzuständigkeit, sowie als Trainer und Berater im IBM-Umfeld ab 1987. An der Universität Tübingen wurde Clifford Tjiok nach Abschlüssen in Wirtschaftswissenschaften und in Allgemeiner Rhetorik in beiden Fächern promoviert. Seit 2004 arbeitet Dr. Clifford Tjiok als Lehrbeauftragter und Prüfer für Risk Management an der Universität Kassel.

Jens Unger

Von 1996-2002 studierte Jens Unger Diplompsychologie an der Johann Wolfgang Goethe-Universität in Frankfurt mit Auslandssemestern und Praktika in England, den USA und Zimbabwe. Jens

Unger ist seit Ende 2002 wissenschaftlicher Mitarbeiter am Fachbereich Arbeits- und Organisationspsychologie der Justus-Liebig-Universität Gießen, wo er unterrichtet und forscht. In seiner Forschung beschäftigt sich Unger mit psychologischen Erfolgsfaktoren und Werten kleiner und mittlerer Unternehmen. Jens Unger ist mitverantwortlich für Forschungsprojekte in Ländern wie Zimbabwe, Südafrika und China. Ergebnisse seiner Studien hat Jens Unger in den letzten Jahren unter anderem auf Konferenzen wie der Academy of Management, des International Council for Small Business und dem European Congress of Psychology präsentiert.

Stefanie Unger

Mit 23 Jahren erhielt Stefanie Unger ihren Bachelor of Science an der California Polytechnic Univesity Pomona mit Honors im Fach Marketing Management mit Fokus auf Internationalem Business. Sie war im Vorstand der kalifornischen Studentenorganisation Legislative Affairs Commissionaire und für die Beziehungen zu Mexico, Canada und Cuba zuständig. Weiterhin wurde sie für den Bereich Business als Studentin des Jahres gewählt. Nach ihrem Uniabschluss fing Unger im Bereich Marketing/Sales bei Arthur Andersen in Deutschland an. Seit der Fusion mit Ernst & Young ist sie Senior Consultant bei Ernst & Young und im Markets-Bereich tätig. Sie ist Mitglied der gemeinnützigen Organisation Atlantik-Brücke, die sich für die Stärkung der deutsch-amerikanischen Freundschaft engagiert. Sie wurde in der *WiWO* Nr. 38/2004 als junge Führungskraft in der Liste der 35 Eliten Deutschlands vorgestellt. Das *Young Woman's Magazine* nahm sie kürzlich in den Kreis der Future Performer – die 50 wichtigsten Frauen der Wirtschaft – auf. Sie ist Autorin des Buches *Vertrauen ist gut ... braucht die Wirtschaft mehr Kontrolle?*, F.A.Z. Verlag.

Dr. Christoph Weber

Von 1996 bis 2001 war Dr. Christoph Weber bei einer Wirtschaftsprüfungsgesellschaft tätig. Gleichzeitig war er wissenschaftlicher Mitarbeiter der Johann Wolfgang Goethe-Universität Frankfurt. Er veröffentlichte mehrere Artikel in nationalen und internationalen Fachzeitschriften und verfügt über langjährige Referentenerfahrung, unter anderem als Lehrbeauftragter für Rechnungswesen und Corporate Finance an der HfB Business School of Finance & Management. Seit 2002 ist Dr. Christoph Weber bei der Landesbank Hessen-Thüringen für Grundsatzfragen im Bereich Bilanzen und Steuern zuständig.

Register

Was uns wichtig ist. Stefanie Unger, Kai Hattendorf, Sven H. Korndörffer

ISBN: 3-527-50189-4